How to make comfortable space

尺寸间的井井有条

——“日本收纳教主”近藤典子手绘图鉴

[日] 近藤典子 著

博洛尼精装研究院　清华x-lab未来生活创新中心 译

中国建筑工业出版社

著作权合同登记图字：01－2015－7415号

图书在版编目（CIP）数据

尺寸间的井井有条——“日本收纳教主”近藤典子手绘图鉴／（日）近藤典子著；博洛尼精装研究院等译.—北京：中国建筑工业出版社，2015.12（2022.12重印）
ISBN 978-7-112-18397-5

Ⅰ.①尺… Ⅱ.①近…②博… Ⅲ.①家庭生活－基本知识 Ⅳ.①TS976.3

中国版本图书馆CIP数据核字（2015）第202960号

《MONO TO HITO NO SAIZU KARA KANGAERU KASHIKOI SHUUNOU JUTSU KONDOU NORIKO NO ‘KATAZUKU SUNPOU’ZUKAN》

责任编辑：刘　江　刘文昕　王砾瑶
责任校对：张　颖　刘　钰

尺寸间的井井有条
——“日本收纳教主”近藤典子手绘图鉴

[日]近藤典子　著
博洛尼精装研究院　清华x-lab未来生活创新中心　译
*
中国建筑工业出版社出版、发行（北京海淀三里河路9号）
各地新华书店、建筑书店经销
北京锋尚制版有限公司制版
北京富诚彩色印刷有限公司印刷
*
开本：787×1092毫米　1/16　印张：8½　字数：200千字
2016年1月第一版　2022年12月第九次印刷
定价：46.00元
ISBN 978－7－112－18397－5
（27646）

自序

“请把这里的搁板的进深设为30cm”。

“这里的进深应该是20cm”。

这些年来，我在日本各地开展了户型咨询的工作。在提出户型方案的时候，总是先向客户询问具体的收纳物品，然后确定收纳搁架的进深。

之所以如此，是因为制作符合物品尺寸的收纳空间，才是充分利用、管理家中物品所不可欠缺的要素。

迄今为止，我已经为2000个以上的家庭规划、整理过房间。在拜访各家的时候，有件事让我感到不可思议：“这里的搁架到底是为了存放什么东西的呢?”有些搁架进深太大，有些搁架却又很浅……

与以前相比，近来的住宅中有了越来越多的收纳空间。但由于板材加工的便利性等因素，一般来说搁架的进深多为45cm，相对于家中收纳的物品来说，这个进深就太大了。

专门设置的收纳空间，如果进深过大，往往会使存放的物品很难取出来，人们慢慢地就不再使用，甚至会忘掉这件物品的存在。

为了避免这种尴尬，让物品的取放更方便，就需要新的技巧和收纳工具。

了解了物品的尺寸，据此设置收纳空间的话，使用时就能轻松摆放，存取方便。

收纳空间如果超出需要，居住空间就会相应变小，而根据收纳物品的尺寸来设置的话，在小房间里也能宽宽松松地生活了。

了解物品的尺寸，是追求舒适生活空间的前提。日常生活中对此稍加注意，你的生活方式就会出现良好的变化。

在本书中，我会对市面上常见的生活用品进行调查分析，向各位读者介绍最具普遍性的物品的尺寸。希望能对大家有所帮助。

序一

可收纳性住宅的居住价值及空间设计的思考

——关于从“以人为本”与“物尽其用”的当代住宅收纳理念的几点认识

在走向品质时代的当代住宅的居住价值及空间设计下，在当代住宅的居住价值及空间设计走向品质时代的过程中，住宅这个基本空间之内的“人与物”正在发生巨变，住宅“以人为本”的理念和设计思想也并非局限于狭义的“人”的本体，居家收纳不再单纯地只代表所谓“物质”的东西或质量。我们这些所谓的住宅相关业内人士可以问问广大居住者“居住生活中的收纳”是什么、该怎么解释？他们往往会给出丰富多样、颇具感性化的不同答案，如功能、生活、设计、品位、时尚、精致和格调等物质与精神层面的太多诉求。所以，就走向品质时代的当代住宅的“收纳”的意义及其价值来说，“以人为本”与“物尽其用”的当代住宅收纳理念和设计方法暨“可收纳性住宅”应该成为我国当代住宅设计需求和价值之根本。关于可收纳性住宅的居住价值及空间设计，特提出三个观点与业界同仁分享。

住宅收纳与设计的“品质学说”

马斯洛需求层次理论是行为及其空间行为科学的理论之一，将人类需求像阶梯一样从低到高按层次分为五种，分别是生理需求、安全需求、社交需求、尊重需求和自我实现需求。马斯洛理论反映在居住需求上，即居住需求得以满足之后，更高层次的需求会激发出来。随着经济生活水平的提高，人们的住房需求、生活方式和价值观也有了巨大的变化。在物质丰富的时代，物品已在现代家居生活中占据着不可忽视的地位。当代住宅可收纳性理念与空间已经是现代生活的一部分，有利于家居整洁、生活便利、家居品质，可以更好地保证居住者的生活质量，也是当代住宅发展的必然趋势。

住宅收纳与设计的“生活学说”

新中国成立以来，由于经济发展水平和毛坯房建设所限，特别是居住者的“家具”储藏意识因素的干扰，在我国以往的居住生活中，收纳理念一直没有受到重视。随着人们生活水平的提高，居家物质生活越来越丰富，而住宅中很少单独设置储藏空间，住户主要是通过自发的家具配置来解决这个问题。在实际生活中，各个年龄阶段的人群都有大量的物品需要储存，这种需求会随着居住时间的增长而增加，套内的储藏空间远远不够。住户家中物品放置混乱，给使用带来诸多不便。因此，当代居住生活中收纳理念的建立和空间设置对于现代家居生活既十分必要，也成为一个亟待解决的课题。

住宅收纳与设计的“规范学说”

目前我国住宅设计规范及其标准的基本构架重点在于居住的主要功能空间，住宅设计中基本需求的“储藏空间”的设计问题没有得到应有的重视，缺乏相应的设计标准。大量住宅缺少储藏空间系统设计的基本意识，储藏空间随意处置，忽视其实用性，更多的住宅则不设储藏空间。以中小套型住宅为例，由于面积受限，设计更与储藏空间无缘，但这种需求又实实在在存在着，造成室内收纳空间严重缺乏。而在国外当代住宅设计标准中，主要功能空间早已不是居住舒适的唯一标准，住宅套型中设有系统性的储藏空间早已成为住宅功能空间的基本要求。以日本为例，集合住宅面积虽小，但储藏空间所占比重非常大，一般达到住宅使用面积的1/10左右，且分类明确，位置考虑周到，这种当代住宅收纳设计标准和系统性方法非常值得我们学习。

2013年年初，博洛尼精装研究院组织翻译了《"日本收纳教主"近藤典子助你打造一个井井有条的家》，对创建我国住宅收纳理念与设计方法有着重要的借鉴和指导意义，在业界获得了广泛的赞誉。2015年，博洛尼精装研究院再次翻译了《尺寸间的井井有条——"日本收纳教主"近藤典子手绘图鉴》。本书可谓是"日本收纳教主"近藤典子女士上部著作的姐妹篇，即以"住宅可收纳性的住宅全家居解决方案"的思路，从构成住宅的每个功能空间及其生活便利性出发，完整展现了当代家居生活的"居家系统性整体收纳设计"理念及精细化手法，并对设计内容和要点分类地进行了剖析，相信对我国目前的房地产开发建设和当代住宅研究能发挥更大的作用。

刘东卫
中国建筑标准设计研究院总建筑师

序二

近藤典子女士致力于家居空间有效利用的研究和知识普及，在日本久负盛名。我不仅拜读过她的大作，聆听过她的演讲，更是曾专程到她的国内工作室登门拜访并交流探讨。因此，对于近藤女士所秉持的理念及服务于其理念的设计手法，我可以说已经比较熟悉。

我认为，近藤理念的真谛在于一切从住户的实际生活需求出发，千方百计地使住户的空间得到最大限度的有效利用，使住户的居家生活尽可能地舒适和便利。“莫道艺小，其义精微”，正是在收纳空间这种看似不起眼的地方的精益求精，大大提高了人们居家生活的舒适程度和幸福感，这也是近藤女士的家居生活咨询服务及其著作在日本广受欢迎的原因所在。

近藤女士的新作《尺寸间的井井有条——“日本收纳教主”近藤典子手绘图鉴》推出中文版，我深感恰逢其时，可喜可贺。中国在过去的近二十年间经历了房地产行业的高速发展，每年新增住宅数百万套，城镇居民户均一套住宅的目标已经实现。但在这一过程中，人们关注的重点还是如何提高人均居住面积，对于居住质量的追求相对欠缺，造成住宅内部空间的设计流于粗放，从住户的实际使用细节出发的精细化设计可谓凤毛麟角。在毛坯房大行其道、家家户户都自行装修的前些年，普通老百姓绝大多数不具备专业知识又苦于无人指导，装修大多偏重于形式上的美观而忽视了功能上的实用，住上一段时间以后就会发现收纳和储藏空间不足等许多实际问题。

近年来，在国家政策的倡导下，开始有更多的开发商以“精装修”的方式提供其住宅产品，上述问题虽然在一定程度上有所改善，但由于开发商及设计者的缺乏经验，“中看不中用”，特别是收纳空间设计不合理的问题仍然困扰着大多数购房者。本书作为收纳空间设计的指导书，既具有高度的专业性，又图文并茂、深入浅出。无论对于专业的设计人员，还是对于普通消费者，都能起到很好的指导作用。我相信，本书中文版的问世，对于改善千千万万国人的居家生活的满意度和幸福感都能够大有裨益。

作为一个专注于住宅设计研究的建筑师和教师，我致力于提倡从人的居家生活实际需求进行住宅空间设计，从事“住宅精细化设计”的研究和实践迄今已逾二十年。从思考问题的出发点到逐步形成和完善的设计理念，与近藤女士有着高度的一致性。我认同近藤女士关于住宅收纳空间设计的主要观点，欣赏其匠心独运的设计手法。我乐于向中国读者推荐本书，相信它无论对于希望提高设计水平的专业设计人员，还是对于希望对自己的居所进行合理化改造的普通老百姓，都是一本开卷有益的好书。

周燕珉

清华大学建筑学院教授

序三

居住，需要学习

拥有一双性能优异的跑鞋，你必能完成42.5km长跑吗？

很显然，不能。

跑步是人类的本能。所有身体健全之人，只要穿上这双跑鞋，总能跑上几步。

但是，42.5km的马拉松长跑，并非本能，而是技能，需要认真学习和持续训练。

拥有一套布局良好的房屋，你就将实现井井有条的居住吗？

很遗憾，不能。

居住是人类的本能。从古至今，只要有屋顶、有四壁，人类就能如鸟儿般栖息其中。

但是，井井有条的居住，并非本能，而是科学，需要用心钻研和不断实践。

近藤典子女士，是我的“居住科学”启蒙老师。

2006年，我第一次从《家庭收纳1000例》中，了解到什么叫作“收纳奥妙”；

2012年，我第一次从《“日本收纳教主”近藤典子助你打造一个井井有条的家》中，了解到什么叫作“居住动线”；

2013年，我第一次登门拜访近藤老师，如同追星族见到偶像本尊，几乎热泪盈眶。

在和近藤老师的交谈中，她曾不经意地说道：“我从事优化房屋、居住顾问的工作，差不多30年。”——这句话如同滚雷般在我脑内惊炸——那年我不过30出头。

居住经验远不及近藤老师的我，在当时已参与过10万套以上住宅的设计和开发。这可怕的数字，唯有在今日的中国、今日的城市化进程、今日的商品房市场中，才能得以实现。中国的商品房开发从1998年至今一路高歌猛进，“买房”是中国城市家庭在过去二十年间最核心的痛点诉求之一。

但是，历经千辛万苦、背负30年贷款，终于买了房，却把它当作住人的客栈、当作储物的仓库，岂不滑稽？

——这真的不是在开玩笑。

由于职业的关系，我每年都要做一定数量的居住样本入户访谈。我访问的60%以上普通家庭都有收纳不足、杂物遍地的问题，甚至价格1000万以上的房子也犹如出租屋般凌乱不堪、毫无美感。倘或询问这些居住者“你满意现在的居住状态吗？”，他们大多困惑回答“不太满意，但我也不知道怎么办……”

好不容易拥有了房子，却不知道如何好好居住。你是不是也有同样的困惑？

最初买房时、装修时、刚搬入时，你一定心怀憧憬，描绘着未来的生活，仔细挑选着适合自己的东西。但是，若干年之后，孩子出生了、老人来了、东西多了……

慢慢地，你的家变得越来越粗糙、混乱，而你则审美疲劳、日益麻木。

然后你说：“房子太小了、东西放不下。我想再换套更大的房子”。

——其实，再大的房子也不能解决问题。因为问题不只在于物品、在于房子，更在于你。

我家小小的房子里，如今住了老少6口人，仍能保持每天井井有条，整洁如新。

这得益于过去8年间，我不断向近藤老师学习，慢慢拥有属于自己的“居住力”。

致正在看这本新书的你：

愿你能如我一般，与近藤典子老师有缘，继而沉醉于美好居住的学习。

逯薇
万科广深区域本部副总建筑师

序四

收纳生活，认知自我

——为近藤女士新书序

认识近藤典子女士是2014年初在上海的一次论坛上，对她睿智和欢快的演讲至今印象颇深。后来看了她的书，由衷地感动，彻底打破了我对收纳的理解。收纳绝不仅仅是做家务，近藤女士给我们带来的是全新的生活态度和生活理念。

经过经济腾飞的三十余年，我们从物质极度匮乏的时代发展到物欲横流的今天，面对纷杂变化的外在和多样的选择，内心往往容易迷失而对生活产生焦虑。摆脱了居住条件的窘迫，大多数人有了更大的属于自己的空间，也有了更多的属于个人的物品。但是仅仅靠拥有，并不能产生更多的幸福感。正如杨绛先生所说："人生最曼妙的风景，竟是内心的淡定与从容。"

收纳是一个净心的过程，智慧的收纳能使心静下来，净化心，不但改变心的表层，还改变心的根部，改变这个始终激动和焦躁不安的心及其行为模式。净化的第一步是了解自己，了解自己的物品也是了解自己的途径。从粗的方面到细的方面，近藤女士在书里研究人体的尺寸，物品的尺寸并根据不同的使用空间把它们归类，如"空间与人，只有考虑到人的尺寸，才能方便地存取物品"。

在收纳的过程中，我们可体验到自身的真实需求。你也许会问："我为什么会拥有这件物品？他对我的意义何在？我打算如何使用和安放它呢？"一点一滴积累起来，对物品的了解其实是对自身的了解。我们不断在问自己，亦是不断反思。了解内心真正需要的是什么，希望在怎么样的状态下生活。我们只有真正与自己在一起，探究关于"我"与"我的物"之间的真实联系，才能解开当下的心结，让整个身心都充满和谐。一切物品都是按照我们的需求欲望和命令来增减的，通过了解对物品的态度来了解自己。

书中对收纳物品的进深做了深入的研究，空间有限，我们必须学会珍惜空间，而不是无休止地扩大使用空间。"人走路时需要的宽幅为60cm，当然，有了45cm也能将就。""选择步行空间，亦或是选择放置家具？全系于你的一念之间。"许多人多看表面，表面材料如何用得光鲜时尚，而忽略了看不见的部分，其实功夫和基础都应下在看不见的部分。

所有事情到了最后层面，既不是物也不是术，而是一切在于心。

用心去觉知身边之物，认知身心运作过程，让我们有机会重新审视自己。学会这样一种生活态度，对于我们的生活事业人际关系，是多么有帮助。这本书不仅仅教给了我们物品收纳之法，更是给我们一个心境澄清机会，是给当下浮躁社会的一剂清凉。

张海涛
上海万科公司总顾问
上海源界设计合伙人

序五

我们评价一个人明事理儿，常常会说："这个人张弛有度，做事做人有分寸。"不知道这样的比拟典故出自哪里？为什么会拿一些有尺度感的术语形容一个人？

把物拟人化这很容易理解，那是为了赋事物以性格，让它生动起来！而把人尺寸化，难道是想刻画和度量每一个人的行为与内心？确实，现实社会交往中，往往知人知面不知心。所以，我们只有通过日常生活的点点滴滴，来度量一个人的内心和涵养，再来决定如何与之相处。

好像聊的都是"处世之道"，和本书没关系，但这正是我在读完《尺寸间的井井有条——"日本收纳教主"近藤典子手绘图鉴》这本书所悟得的道。

你了解自己的身体吗？除了身高体重之外，手掌是几厘米？单手举高是多高？两手伸开是多长？你的一步是多远？……每个人的身体就是一把尺子，如果你连自己都不了解，怎能度量世界？

你了解身边的物吗？手机的尺寸？门的长宽？沙发的进深？大衣的长短？盘子的大小？……如果你不了解周边和你朝夕相处的物，你如何能融入生活？

怎样了解这些天天看得见、摸得着的物呢？——它们不会说话，不会表达自己。往往很多东西买回来那一刻是十分欢喜的，却因为摆放在不适合的位置而被遗忘。久而久之，在某一次积余物品清理时才被发现——原来曾经拥有过这么好的一件宝器，才回忆起当年的某一天带它回家时的那段美好经历。

所以，我们要从一开始了解他们，了解他们的尺度，把他们放在合适的位置，发挥他们应有的作用。有一句名言很有道理：这个世界上没有垃圾，只有放置在不合适位置上的资源。

如果把物拟人，把每件物都赋予性格和生命，你就会发现虽然很容易和他们相识，却往往不能相知。这一切的缘由竟是因为你们之间没有建立起有效的交流手段和沟通方式。把他们束之高阁，放在了一个连自己都找不到，或者需要费九牛二虎之力去找的地方，你还愿意和他们做朋友吗？就像如今，发达了，认识一个新朋友比以往任何时候都简单。摇一摇、扫一扫、就来了，还能拉群。而真正的好友呢？有效的交往圈子还是那么几个。朋友多了却在沉睡，还占用你的空间，偌大的群也就失去了意义，还带来负赘和疲累。

收纳，就像交友。你首先要清晰自己的需求，去找到物品——这叫志同道合。再深入地去了解它的分寸和尺度，为它在你的心田里量身定制一席之地，随时可以看得见，摸得着。然后，再根据你的安排及需求去和他们交流，形成互动。这样，生活方能"井井有条"。

然而，世界如此之大，而心田却如此之小。心能容得下天下，但却装不下整个世界。就像一个家，就那么几十平方米，而需要的东西实在太多。辛辛苦苦花钱请回家的东西，却因"收纳"不到位，而躺在某个角落睡大觉，反而占了好大的空间，实在是得不偿失。想想现在房子也不便宜，动辄几万元一平方米的空间，花钱请个朋友来免费住着甚至还给你添乱，你说，这责任该由谁来承担？——当然是你自己了！

怎样才能做到"心"容天下？——还是读读《尺寸间的井井有条——"日本收纳教主"近藤典子手绘图鉴》，听听近藤典子怎么说吧！

正所谓"Home is where the heart is"——家在情在。家，是放心的地方！

因此，为了安心，让我们也来尝试营造一个属于自己的、张弛有度、有分寸的家！

王晞

招商地产副总经理

建筑师、管理学博士生（在读）

序六

1cm>1000亿

在房地产行业的黄金年代，房企以规模化取胜，产品上追求标准化快速复制，营销上大开大合追求高周转。在一个将location作为楼盘核心卖点、依靠广告轰炸就能实现快销的时代，行业对产品空间的关注度是可想而知的。而当行业告别短缺进入白银时代，当各种营销概念喧嚣过后，我们越来越形成一个共识：竞争将回归原点，那就是房子产品与服务本身。

如何造出好的房子？博洛尼参与出版的系列图书给我们的答案是：让设计回归生活原点。是的，不管房企的品牌有多大，不管我们赋予楼盘什么华丽的概念，不管是刚需还是改善，所有房子都是给人居住和生活的。让客户在社区和空间内舒适的生活，不就是行业之初心与使命嘛！

近藤典子老师的这本书，聚焦物品的尺寸与收纳空间设计，非常细微深入。对房地产行业而言，可能是一个非常小的点，但却给予我们房地产从业人士巨大的触动与启发。中国的房产市场越来越集中在大型城市，而这些城市的人口密度与日本非常相似，户型小型化与功能精细化已经成为趋势。如何在有限的空间里，为客户营造舒适愉悦的生活，我们真的要向日本同行学习很多。

中国房地产已经过了单纯追求规模的时代，比千亿更重要的是客户的口碑或者粉丝的黏性，是回归行业初心真正以人为本的精细化产品与服务。让客户享有一个愉悦的家，让每一厘米的建筑与空间都科学合理尽善尽美，才是真正地对土地负责、对建筑负责、对企业品牌负责。

所以，我真诚地向房地产从业人士，特别是产品与营销条线的同行们，推荐近藤典子老师的这本书。它可以让我们更深入地了解家居物品和生活空间，更具象地理解客户的居住需求，能够帮助我们站在使用者的角度去设计好用的产品，也会是好卖的商品。更重要的，让我们领悟和学习那种执着朴素、深入细理的“匠人精神”，我想这种精神对当下的房地产行业或从业人士，是最为稀缺、也是最有意义的。

臧建军

易居中国创始人

易居（中国）控股执行总裁

序七

哪怕省6万块钱也好啊！

作为一个开发商，当我们做样板房的时候，我们会怎么做？我们会把灯光调亮，硬装用些镜面材料，沙发套台灯罩窗帘地毯布草等软包色彩尽量艳丽些，这样客户一进门就会觉得亮晶晶的好豪华。如果是精装修交房，各类橱柜虽然面板一定要烤漆的，但里面一般会贴上一个标签："此处非交楼标准"，因为五金铰链隔板成本不菲，钱花在这里客户感受不到豪华。

不要说我们是奸商，我们接待过成千上万组客户，我们知道他们买房子的时候，关心哪些问题，我们知道什么风格的样板房深受客户欢迎。

很多客户换房子，只是觉得自己原来的房子"住着不舒服"，至于为什么不舒服，自己也不清楚，他们想用"豪华"或者"风格"，来解决这个不舒服。

大多数客户，目前还不清楚，他们的居住舒适度，和房间里面各类物品的颜色、材质、品牌无关，而是和自己身体的尺度、日用品的尺度、家具的尺度有关。

近藤典子这本新书介绍了不少空间尺度使用窍门：

比如书里面介绍的"小房宽用"原则，就是在客厅的一角设置收纳空间，把客厅里使用的物品存放在其中，虽然客厅的物理上的面积变小，但客厅里的东西不会再散乱，反倒会更加宽敞。

比如把上装和下装分开放，就能让衣帽间一下子就变得宽敞起来。

比如鞋柜的进深最好为32cm，男鞋和女鞋分开放，男鞋要把鞋跟朝外放，女鞋要把鞋头朝外。因为不这样的话，搁架的间隔就要再加4cm。

类似的诀窍，这本书里还有很多。

房间的尺度，减去储物空间的尺度、人活动空间的尺度，就是家具的尺度；换言之，房间的尺度，减去家具的尺度、人活动空间的尺度，就是储物空间的尺度。

既然人的尺度不能改变，当房间空间有限的时候，就看你想保哪一头了，是需要不仅能吃西餐也能吃火锅的餐桌？还是需要能放下电饭煲咖啡机大餐盘的餐边柜？是需要一张可以滚来滚去的大床，还是想要一个不仅能悬挂各类衣服还有抽屉的大衣柜？

你都想要？呵呵，我就知道。那就要好好读这本书了。这本书，就是告诉读者，身体的尺度、日用品的尺度、家具的尺度，都是什么样子的。

随便举个例子，只要有20cm、30cm、40cm 3种不同进深的搁板，基本就能覆盖家中所有的收纳物品，不需要25cm、35cm、45cm，省下的这5cm，如果把面积全部加起来，至少能省出1m^{2}空间出来。

也就是说，仅仅是你明白不同日用品的尺度与隔板的关系，就能少买1m^{2}房子，或者住在同样大小的房子里，你感觉更宽敞一点，按照一线城市主城区的房价，1m^{2}现在也得6万块钱了吧。你花点时间读这本书，能有这么巨大的投资回报，睡觉都应该笑出声了吧。

宋家泰

莱蒙国际上海公司常务副总经理

序八

因为工作的关系，我每年都要做许多客户调研，而且每年还要到入住的客户家里做回访。每到一家，我都会仔细观察客户家的室内陈设及物件摆放，看客户如何使用我们建造的房子。我走访过的家庭有住80m^2、90m^{2}的刚需家庭，也有住300多平方米的富裕家庭；有广州、深圳的南方家庭，也有沈阳、大连的北方家庭；有北上广深一线城市家庭，也有宁波、扬州等三线城市家庭。虽然家庭类别各种各样，但走过那么多家，让我吃惊的是很多客户家里许多东西无处安放，以致凌乱堆积。在我看来，这种现象与我们所处的时代息息相关。在已过去的房地产黄金十年里，许多地产商忙于更快速地把房子建出来，因为建得越多卖得越多；许多客户也在积极抢房子，有时候能买到已经不错，哪还管得了房子好用不好用。自然，在这样时代造出来的房子，住进去以后家私物品凌乱堆放是很自然的事了。幸好，这样的时代已经过去了。在已到来的白银时代里，客户已经有时间和耐心来挑房子了，开发商也已经必须想办法满足客户的精细化需求了。

过去十几年，因为中国的快速发展，许多人的生活水平已经有了大幅度的提高，这在日常生活用品里有了明显的反映。一个女士十几年前可能还一般只有几双鞋，现在许多女士一个人都有50、60双的鞋：有高跟的、平跟的，有低帮的、高帮的，有春天秋天的、有冬天夏天的，有上班的、有休闲的等很多种。十几年前，一个男士的外套只有几件，现在有20、30件外套很正常：有运动的、休闲的、上班的；有夹克的、西装的；有薄的、厚的；有高档全毛料子的，也有易于打理的化纤合成的等。以前一个家庭基本没有行李箱，因为那时旅行还是奢侈品，但现在许多家庭一到节假日就满世界跑，家里有各种类型行李箱：大的、中的、小的，男用的、女用的、小孩用的。另外，厨房的变化也很大。以前家里厨房就靠两个锅，现在家里锅的种类就多了很多，大锅、小锅，圆底锅、平底锅，高压锅、煲汤锅等，更不用说榨汁机、豆浆机、电磁炉、电热水炉等。

在房地产粗放发展的黄金十年里，人们生活水平提升了很多，对家居功能舒适性的要求其实在快速地提高，但也恰恰在这十年里，在房子的居住舒适性上，特别是与生活水平相适应的收纳系统上没有得到房子设计建造者的充分重视。

日本相对中国来说，房地产发展大约早了30年，其在专业化、精细化方面比中国也要领先不少。《尺寸间的井井有条——“日本收纳教主”近藤典子手绘图鉴》也是日本在这方面先进经验的一个反映。可以说，中国人随着生活水平提高而遇到的家居舒适性问题日本都已经遇到过，因此他们的经验对我们来说具有借鉴意义。虽然日本的生活习惯与中国不尽相同，但我读了本书后，觉得书中所讲的许多收纳空间的合理尺寸规划方面的经验与国内是一致的。不久前，我家也刚刚进行了装修，在设计各个房间书柜的时候，设计师给我建议的书柜厚度就是45cm，与近藤典子在本书中所说的情况完全一致，那是从“板材加工的便利性”出发考虑的厚度。当时，我就觉得太厚，与设计师商量降为38cm。书柜做出来后，柜里放上书，书外面再摆放一些相框之类都绰绰有余。这样一个小改动，每个房间都节省出来7cm开间的空间，而且取用书还更方便了。这只不过是其中一个例子，书中还有许多方面的论述都值得我们国内收纳设计方面学习。

在这样一个快速发展的时代，随着生活水平的提高，大家居住的房子从单间公寓扩大到两房、从两房扩大到三房、从三房扩大到四房，但房间数量的增加毕竟是有限度的。另外，由于现在大中城市的房价高企，以后居住面积的增加也毕竟有限。因此，可能以后居住水平的提高很大程度上会体现在差不多面积和差不多房间数量的条件下居住舒适性的不断提高，而这其中的很大一块就是收纳性能的提高。所以说，收纳空间的设计、收纳体系的制造研究大有可为，这对提升中国的居住品质会起到很大的作用！也希望再过几年，我们再去回访客户，其家私物品不会那么纷繁凌乱，居住舒适性也有了大幅度提高！

何大江

金地集团股份有限公司产品管理部副总经理

序九

不平凡的收纳

感谢博洛尼团队特别是勇刚兄的青睐和信任，让我为本书作序。

收到书稿时有些疑惑。博洛尼近年一直致力于家居收纳系统的研究和升级，我也是他们坚定的支持者。但是，作为一个建筑学背景的地产人，如何为一本关于家政收纳的译著作序，我却始终难以起笔。斟酌间，更有意思的事情发生了！发现关于“日本收纳专家”的话题在微信上广泛传播，吸引了极大的关注和热情，甚至引发了一系列讨论。连夫人都笑问凭什么由我这个很少干家务的大男人来为本书作序。

这个现象再一次印证了我近年来的一个重要观点：在移动互联、信息泛滥的时代，最具有意义的反而是内容本身，没有意义的内容会被迅速地过滤掉。可见，近藤女士的家政收纳心得对于我们现代社会的生活是非常有意义的，以我之浅见，主要体现在以下几个方面：

首先，这是源自日本传统“执业精神”的最佳体现。所谓“执业精神”就是真诚地把自己所从事的职业当作终身事业，付出全部的身心与勤奋，去钻研、理解、提升，去创造最大的价值，给平凡的职业赋予不平凡的爱与意义。只有当你全身心地尊敬自己所从事的工作，你的工作才会被众人所尊重，具有更大的价值。这与国人日下所流行的“投入”与“钱途地位”成正比的价值观完全背道而驰，是日本民族非常令人尊敬的重要立身之本。

其次，虽然本书看似探讨的是平凡简单的居家收纳问题，但采取的方法却恰恰遵循了“以人为本、功能至上、效率为王”这一近乎公理的思考逻辑。从人体尺度出发，探讨空间和物品的功能匹配，并赋予其最有效率的收纳解决方案，平凡中见真理，这便是王道。因此虽然素未谋面，我对近藤女士充满了敬意，并真心感谢她能够将自己的心得与中国读者们分享。

最后，还是要回到“意义”上来。资源稀缺与分配不合理造成的生活要素价格飞速上涨，构成了对生活质量的重要挑战，这将是人类未来发展所面临的最重要挑战之一。而这一挑战，在日本与中国这样人口众多、资源匮乏的国家尤其突出。相信国内的特别是大城市的读者，也会从飙升的房价和日渐狭小的生活空间里切身感受到这种压力。“效率变革”恐怕是面对这一挑战的最有效的解决之道。如何克制欲望、合理的占有资源？如何将有限资源与合理需求以及便捷功能做最高效的适配？这恐怕已经大大超越了“收纳”的范畴，是整个人居环境相关学科与行业都要面对和思考的问题，从这个角度思考，本书的意义恐怕远不止于“家居收纳”。

还是要再次感谢博洛尼团队的高效专业，能让国内读者第一时间分享到这样一本小中见大，实用价值与思考价值并重的书籍。也希望一个疏于家务的房地产行业男士的上述见解，能让读者们从另一个角度开启对本书的品鉴之旅。

孔鹏

旭辉北京总经理

序十

以空间的尺寸丈量生活的尺度

这些年，我们一直致力于小业主的生活方式和居住习惯：他们如何在有限的户型中过着柴米油盐的平常日子？他们在日常的生活中遇到过哪些设计带来的困扰？他们希望自己的居住环境如何改善？

无数次的入户调研过程中，我们见证了有限的空间尺寸间居住理想和现实之间的烦恼：厨房里那个大蒸锅塞不进橱柜，只好放在地面上；玄关柜有点过宽，身体壮硕的父亲只能侧着身子经过；衣柜顶部的空间进深有点大，很难取出塞在深处的东西……

在户型设计、空间布局、收纳方案等因素中，博洛尼精装研究院组织的"中国居住生活方式研究"项目经过对21个城市3499户家庭的持续研究发现，消费者对居住功能不满意的主要方面均与收纳有关，即使随着户型面积的增加收纳问题有所缓解，但收纳满意度仍处于较低水平。

结果让我们深刻意识到：收纳空间设计不合理是困扰着大多数业主的问题，住宅收纳空间的设计刻不容缓。

而在住宅收纳空间的设计方面，特别是对小户型来说，"尺寸"起着至关重要的作用。

"尺寸"指的是人与室内空间的比例关系所产生的心理感受。在对住宅空间进行设计时，我们应该从三方面选择最合理的"尺寸"，即整个空间的尺寸、收纳物的尺寸和人体的尺寸。如果忽视了这三种尺寸间的关系，使用者不仅在住宅空间中的活动会受到制约，而且心理更会产生压抑感。相反，如果根据这三方面的尺寸进行统一的规划设计，则不仅人物相宜，而且更有助于收纳效率的提升。

《尺寸间的井井有条——"日本收纳教主"近藤典子手绘图鉴》这本书则详细论述了人体各部的尺寸及其各类行为活动所需的空间尺寸与家具之间的合理关系。人体各部的尺寸及其各类行为活动所需的空间尺寸是决定房间开间、进深、层高的最基本尺度，而诸如书桌、餐桌、橱柜等家具的大小也要和人的活动相配合。

在对"住宅设计的原点"的思考及探究"宜居住宅"方面，近藤典子女士及一些日本设计师的理念总是能给我们的实践带来一些新的角度的启发，这几年国内的"收纳热"，不能不说与《"日本收纳教主"近藤典子助你打造一个井井有条的家》这本书的引进有一定的关系，让我们这些专业人士因为"井井有条"对收纳有了系统了解，而众多老百姓则因为"物尽其用"开始熟悉收纳。但如何更为深入地做好收纳设计，这也是中国建筑工业出版社引进近藤典子这本新书，将"井井有条"做成系列的原因。

与此类似，针对消费者对住宅产品的升级需求，博洛尼精装研究院推出了BBC专项业务。这项业务基于对小业主的居住生活方式需求的充分理解与深入解读，从业主研究阶段介入，涵盖户型分析及优化建议、硬装产品和软装配饰方案、成本优化、成品实现、商务方案和最终的营销推广，具有全生命周期设计、老幼关爱、DIY可定制、本地元素四大专业特长，帮助开发商为小业主提供从硬件到软件的系统居住解决方案，是一种"家"的定制服务。

归根结底，"家"的定制服务也是一种对"住宅设计的原点"的思考及"宜居住宅"的有效探索，在这一点上，倒是和近藤典子的初衷殊途同归。

最后，要特别感谢集团CEO蔡明，他对我们在小业主的研究和研发工作，总是给予莫大的支持。还要感谢为此书的引进做出辛勤努力的中国建筑工业出版社的刘江副总编、刘文昕、王砾瑶等，是她们的穿针引线才让我们有幸与近藤典子的再次“相遇”。也要感谢我们的好战友，优秀的译者徐波。以及，一直以来众多志同道合的业内专家对我们的关注和支持，为了能书写出中国的居室设计方法论，博洛尼精装研究院要继续努力。

徐勇刚
博洛尼精装研究院院长
博洛尼家居用品（北京）股份有限公司 副总裁

CONTENTS
目录

SPACE

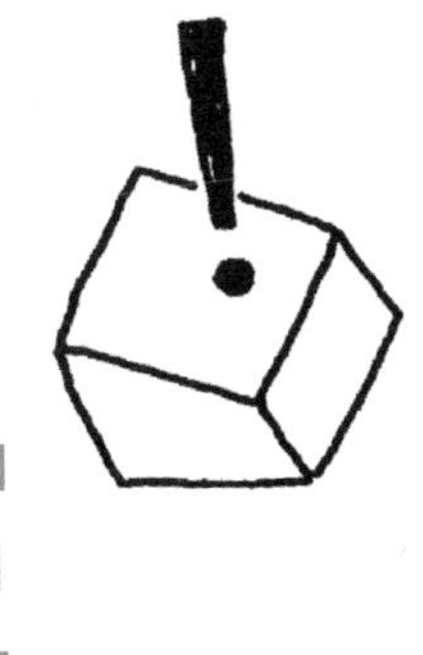

× SIZE

空间与尺寸

减压型收纳术从了解物品的尺寸开始

固定地点存放固定的用品，使用的时候不用到处找，收拾的时候也方便。

要根据物品的尺寸来确定收纳规划，

才能达到减压型收纳的效果。

“把收纳的进深缩短5cm，人的活动空间就会增加5cm！”

根据所收纳的物品来确定收纳空间的大小，这当然是很重要的，
可令人遗憾的是，世界上并没有一个能不多不少正好放下任何物品的搁架。
这又该如何是好?
其实，家中的物品，大体上可以按尺寸分为三类，
而每个房间中有其中1、2类的搁板，基本上就够用了。
根据物品的尺寸制作搁板，如果能比之前的进深短哪怕5cm，
居室空间也就相应变大了。不要小看这5cm的宽度，
它能让你的居家生活一下子变得宽松起来。

在哪里使用，就在哪里存放。这是收纳的基本原则

首先，要考虑房间里要放些什么东西

要打造一个减压型收纳空间，就必须做到：想用的时候，随时可以取出来，用完之后，很方便地就能归位。

比如说餐厅。有些家庭除了吃饭，还把餐厅当作看书学习的地方，那么就要在旁边设一个收纳学习用具的空间。如果要在餐厅里烤面包、冲咖啡，自然也需要有放置相应工具的位置。

如果想在盥洗室化妆，当然需要一个放置化妆用具的空间。

总而言之，在规划收纳的时候，首先要明确自己打算在这个空间里怎样生活，想在这里做些什么。

接下来，就是根据自己的目标，把所需的物品集中在这个空间里。同种类的物品要集中于一处，这也是收纳的原则。

在你的家里，文具用品有没有分散在不同的抽屉里？储备用的卫生纸和洗洁剂，有没有随便塞在哪处收纳空间的缝隙里？其实，只要把同类物品集中到一起存放，家里马上就会变得清爽许多。

另外，信封、纸、笔等，需要同时使用的物品，也该放在一起。这一点也不能忘记。

接下来，就是对集中在一起的各种物品进行归类，根据其尺寸来设置收纳空间。零碎物品则可以放在篮子里、盒子里，而篮子与盒子，也要根据收纳空间的大小，尽量统一尺寸。

要想收纳状况不出现反弹，就应该保证存取时用简单的动作就能完成。内衣类与其放在密封的容器里，不如放在抽屉里，存取方便。如果需要使用篮子或收纳盒，最好也采用透明容器，不用打开，里面的情况也能一目了然。

确定了收纳地点后，这里就成了物品的“指定座位”。用的时候方便取出，用完后轻松归位的地方，也一定能一直保持下去，不会反弹。

Depth of a shelf

[搁板的进深]

有3种不同进深的搁板规格，基本就能覆盖家中所有的收纳物品

收纳时的要点：收纳的物品可以一目了然

在打造收纳空间时，首先应该考虑的就是搁板的进深。也许有人认为搁板的进深越大，收纳的东西也就越多。但实际上进深越大，里面的东西也就越难取出来，最终导致花钱买的东西，却遭到弃之不用的结局。不仅如此，这些用不上的东西还会挤占居室内有限的空间。

因此，我们应该根据收纳的物品来确定搁板的尺寸，只要准备进深分别为20cm、30cm、40cm三种类型，那么除了被褥类、坐垫类、换季的装饰品类之外，其他的日常用品几乎都可以收纳了。

普通家具的进深多为30cm和45cm，如果与收纳物品的大小不合，只能硬塞进去，结果使用者往往会因取出时太麻烦而尽量不去使用，造成浪费。

如果不能一眼看清收纳用具中的物品，也会造成买了东西却用不上的窘境。针对这个问题，还是要根据物品的尺寸来确定搁板进深，这样就能对收纳情况一目了然，使用效率也会大大提高。

如果自己动手做搁板，那么盥洗架用板材是一种很好的材料。市面上就有进深分别为20cm、30cm、40cm的现成产品。

在自建或改建住房时，首先应测量要收纳物品的尺寸，再据此制作相应进深的收纳空间，就能顺利地存取物品，同时保证居住空间的有效利用。

把搁板的进深统一为三种规格，还有另外一项好处：同一规格的搁板可以互换使用，增加了便利性。

在盥洗室、厨房和餐厅大显身手

盥洗室这类地方，往往适合收纳一些小物件。因此，在这些地方，进深20cm的搁板应用范围最为广泛。

比如说洗发液、沐浴液的瓶子，就适合放在20cm的搁板上。

盥洗室里的物品，多为化妆品、清洁用品等小东西，容易变得杂乱，但只要把它们放在进深20cm的篮子或盒子里，摆在搁架上的话，就会让盥洗室变得清清爽爽。

盥洗室的面积都不大，使用20cm的搁板不会太占地方，而且盥洗室里的用品几乎都能放在上面。

不光是盥洗室，如果你想把咖啡杯、碟整齐地排成一排，那么使用进深20cm的搁板，就能很宽裕地摆放。如果是高脚杯或平底玻璃杯，还可以排成两排。

另外，调味品的小瓶子，直径多为6～7cm，交错摆放的话，20cm的搁板可以摆三排。当然，如果摆四排，取用的时候靠里侧的调味瓶就不方便拿了，所以三排基本是摆放的上限。备用的调味品可以放在最里侧，在使用外侧的调味品时可以看到里面有备用的，也能避免重复购买。

如果搁板设在伸手可及的高处，那么20cm的进深也能让你在取东西时，手能牢牢抓住，更安全，更放心。

小包装洗衣粉

W15cm×D9.5cm×H13cm
瓶装型则为W16cm×D7cm×H24cm，都能很轻松地放在20cm进深的搁板上。

擦脸毛巾（折成1/8大）

W16.5cm×L21cm
把浴巾折叠得小一些，也可以放在进深20cm的搁板上。

厕纸（12卷装）

W21cm×D21cm×H33.5cm
如果觉得厕纸超出了搁板1cm，看着不舒服，那就把外包装去掉，错开摆放各卷纸，就正好能放下了。

发胶

每个人管理自己用的发胶，各自把自用的其他物品都放在宽度20cm的篮子里。这样自己用的东西就更方便使用，盥洗台也显得整洁。

折成1/4大的报纸

W21cm×L29.7cm
大小正好和A4纸一样。旧报纸可以交给回收机构，因此，家里需要一个临时储放的地方。

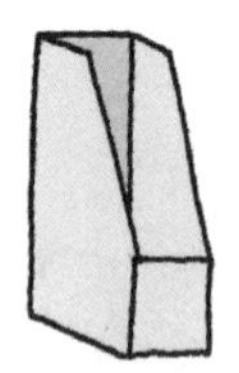

文件盒

W20cm×D25cm×H31cm
把文件按不同内容存放在文件盒中，竖着放置的话，资料类的整理会很方便。

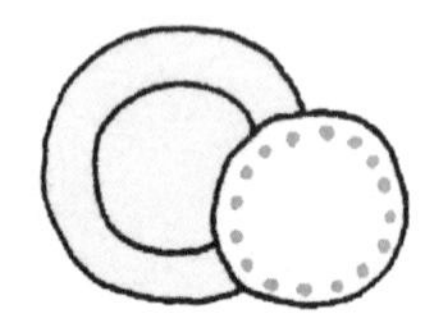

餐盘

直径为28cm左右
30cm的搁板，可以放一排餐盘，直径10cm的碗则可以放三排，直径在两者之间的盘子则可以放两排。

纸巾盒（5箱）

W24cm×D11.5cm×H30cm
躺平摆放的话，纸巾盒的尺寸正适合30cm的搁板。前面的空间还能放下使用中的纸巾盒。

30cm

书报、文件，还有打印机，最适合使用30cm的搁板！

家里的客厅，往往会散乱地放着杂志、报纸和打印好的纸张。最适合收纳这些东西的，就是进深30cm的搁板。进深有30cm的话，除了A4大小的东西之外，还能摆放时尚杂志等较大的刊物。

打印的资料，可以按照“学校方面”、“社区生活方面”、“工作方面”等内容来分类，放进透明的文件夹里，再集中保存在文件盒中。这样做不但能防止资料丢失，还能在需要的时候按图索骥，立刻找到自己想要的文件。A4规格的文件盒，能很方便地摆放在进深30cm的搁板上。

把报纸折成1/4大，也正好是A4的大小。客厅里到处散乱的纸类物品，其实基本上都能收拾到进深30cm的搁架上。

如今也有不少人把打印机放在客厅里。如果是小型的、打印A4纸的类型，宽度基本上都是30cm左右。与其专门打造进深35cm的搁板，还不如就算有些超出隔板宽度，还是使用30cm的搁板来摆放。只要视觉上、稳定性上没问题，30cm的搁板会让居室的空间更加宽敞。

“小房宽用”，这是我的一个基本原则。在客厅的一角设置收纳空间，把客厅里使用的物品存放在其中，虽然客厅的物理上的面积因此而减小，但客厅里的东西不会再散乱，作为一个使用空间，客厅反倒会更加宽敞。在这里设一个进深30cm的搁架，会让日常生活便利许多。

餐具的收纳空间，我也推荐进深30cm的搁架。日常使用的餐具中，大的也不过是28cm的餐盘。除了大的汤碗和偶尔使用的大餐盘之外，30cm的搁架足够容纳大部分的餐具。

除此之外，纸巾盒也可以放在进深30cm的搁架上，包括正在使用的纸巾盒，都有足够的空间来摆放。

在厨房、食品储藏室和储物间，一定要采用这个尺寸！

进深40cm的搁架，适合摆放电饭煲等厨房家电。除了电饭煲，厨房家电主要有烤面包机、咖啡机、电热水壶等，虽然这些东西的尺寸并没有40cm，但是要保证散热的话，就需要周围有一定的空间，因此使用40cm的进深并不浪费空间。把家电集中于一处，也能提高家务劳动的效率。

食品储藏室平常存放一般很少用的厨房用具和食品的储备，这里最好也选择40cm进深的搁架。比较大的锅的直径为30～35cm，电炉灶和寿司桶也能轻轻松松地搁在进深40cm的搁架上。除此以外，两升装的饮料，一箱是6瓶，350mL的罐装啤酒，一箱是24罐，40cm的搁架都能放得下。

加湿器、除湿器等较大的家庭用品，也基本上能放在进深40cm的搁架上。

圣诞节、传统节日用的装饰品，一般都放在箱子里保存，我建议可以使用宽度40cm的密封箱，放在搁架上更容易管理。

之所以这么说，是因为成年人从肘部到指尖的长度约为40cm，家里使用进深40cm的搁架，搬动、清理的时候就能牢靠地抱住了。

把食品储藏室、储物间的搁架深度设置为30cm和40cm，家里大件的收纳难题基本上都能迎刃而解。

电饭煲（1L米容量型）

W26.5cm×D38cm×H20cm
在搁架上放电饭煲时，要避免水蒸气影响上一层隔板，应该把放电饭煲的那层隔板设置为滑动式的。

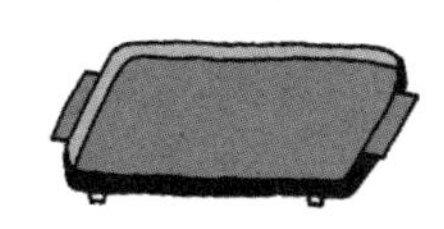

电炉灶

W36.6cm×D55.9cm×H11.7cm
只要保证了搁板的40cm进深，那么大一些的家电基本上就能放得下了。

罐装啤酒（350mL×24瓶）

W27.9cm×D40.8cm×H13.1cm
宽度为40.8cm，会凸出来一些，但也不过超出不到1cm，问题不大。

矿泉水（2L×6瓶）

不同厂家的尺寸规格有所差异，不过宽度大都在32cm左右。装了饮料的纸箱会很沉，放在30cm的隔板上还是有些让人不放心，40cm宽度就充裕多了。

SPACE

×HUMAN

空间与人

只有充分考虑了人的尺寸，才能做到顺畅地存取物品

物品有尺寸，人也有。

身高、躯干厚度、手的大小、眼睛的高度等，比物品的尺寸可复杂多了。

规划收纳空间时多多考虑这一方面，将来使用的时候就会舒心许多。

“人走路时需要的宽幅为60cm。当然，有45cm也能将就”

坐着，站着。打开抽屉，关上抽屉。
人在家中会有各种行为，当然需要相应的空间。
比如说原打算放一个沙发，但这又会影响步行空间的时候，
你是不是想过放弃？其实不一定有这个必要。
面向前方步行时，需要60cm的宽幅，但像螃蟹那样横着走的话，
有45cm也就足够了。不需要轻易放弃。
选择步行空间，亦或是选择放置家具？全系于你的一念之间。

了解了人的尺寸，房间就会变得宽敞，使用起来更方便！

首先要保证人的行动空间

从收纳中存取物品的时候，有时候要侧身，有时候会发现门没法打开……

即使老老实实地根据物品的尺寸设置了收纳空间，可若是出现了这种情况，也就谈不上什么减压式收纳了。最理想的收纳空间，应该是物品就放在使用位置的附近，存取也十分方便。那么存取物品所需要的空间应该是多大，人活动的空间又应该是多少呢？在规划收纳空间时，首先应该确定这些问题。

在人的活动空间中，最基础的就是"步行"所需要的空间。

人在面向前方步行时，需要60cm的宽幅。

不管是在摆放家具时，还是制作收纳空间时，一定要保证人能通过的宽幅。一张桌子，一把椅子，在你坐下、站起的时候，就需要挪动椅子，当然要为此留出空间。

如果这些空间没有预先安排好，那么再好的房子，也会变成一个难以动弹、使用不便、待着很不舒服的地方。

如果房间足够大，想摆放什么家具就摆放，能留出很多收纳空间，而且还能保证居住者足够活动的地方，自然是最完美的了。但遗憾的是，很多时候我们的居室空间并没有这么大。

如果房子没那么大，我们就要被迫选择要么不放置家具，要么减少物品的量，采用小的收纳空间。如果还有困难，那也只能减少人的活动空间了。比方说面向前方步行时，需要60cm宽，但有45cm，人也能侧身通过了。

先搞清楚理想的空间应该是多大，如果没这么大的话，那只能削减其他地方的空间，比如说缩减过道空间。认识到这一点是很重要的。如果不了解原因何在，只是觉得在家里活动困难，那就会给你的生活带来负担。而一旦了解了空间窄小的原因，心里自然能接受，也不会觉得郁闷了。

size of Human

[人的尺寸]

把自己的身体当一把尺子，量一量居室空间

在胸前双手合十，两肘的间距就是人在步行时需要的宽度

虽说了解物品和人体的尺寸很有必要，但在日常生活中，也确实很难有意识地去想到这些。

因此我推荐用人体的尺寸来测量。人体的各种尺寸基本成比例，可以部分地替代尺子。

比如双手在胸前合十时，那么左右两肘间的距离约为60cm。这也是人顺利通过所需要的最低宽幅。大家可以尝试双手在胸前合十，张开双肘，在家里到处走一走。如果两肘碰到了墙或家具，说明间距不足60cm，也能明白活动起来觉得不方便的原因，其实就在于空间上的限制，通行的宽幅不足。如果出现这种情况，也许就需要考虑重新布置家具或家中物品的位置了。

请看下面的小图。把手掌完全打开，记住这种状态下拇指尖与食指尖之间的距离，那么今后在没有尺子的时候，也能测量出物品的大致尺寸了。

了解自己身体的尺寸，并随时有意识地观察和思考：这件东西的放置高度，是不是不费力就能伸手够到？自己能搬动的东西，应该有多大？慢慢地，对很多物品的收纳条件也就自然而然地有了把握。

时间长了，你就会发现自己对尺寸有了感觉，无须费力就能掌握打造舒适空间的本领。

传统的日本住宅，在尺寸上多采用以"间"、"尺"、"寸"为单位的"尺贯法"（详见130页）来进行建筑。有人说这些尺寸单位是以日本人的身体尺寸为标准发展而来的。1间为182cm，半间约91cm，走廊的宽度一般为半间。由于墙壁还要占去部分空间，实际的使用宽幅约为75cm左右，而这正好是人拿着东西能顺利通过的尺寸。

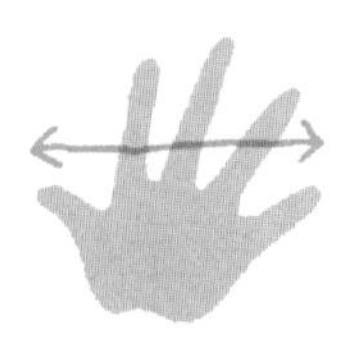

量一量从大拇指到小拇指尖的距离

充分打开手掌，量一量大拇指到小拇指间的距离是几厘米。记住这个数字之后，随便在哪里都能简单地量出物品的尺寸。过去常犯的"买回家之后，却发现放不进去"的错误，就可以避免了。

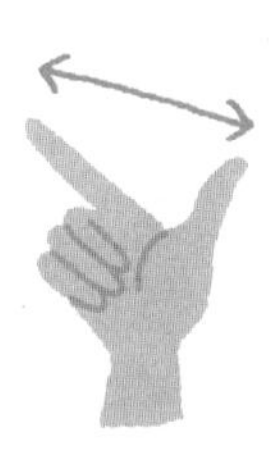

大拇指和食指之间的长度，是人身高的1/10

从拇指到食指尖之间的长度，大约是人体身高的1/10。记住这个，就能起到尺子的作用了。除了这些之外，下一页中也列出了很多关于身体尺寸方面的数字，希望大家记住，灵活应用在日常生活之中。

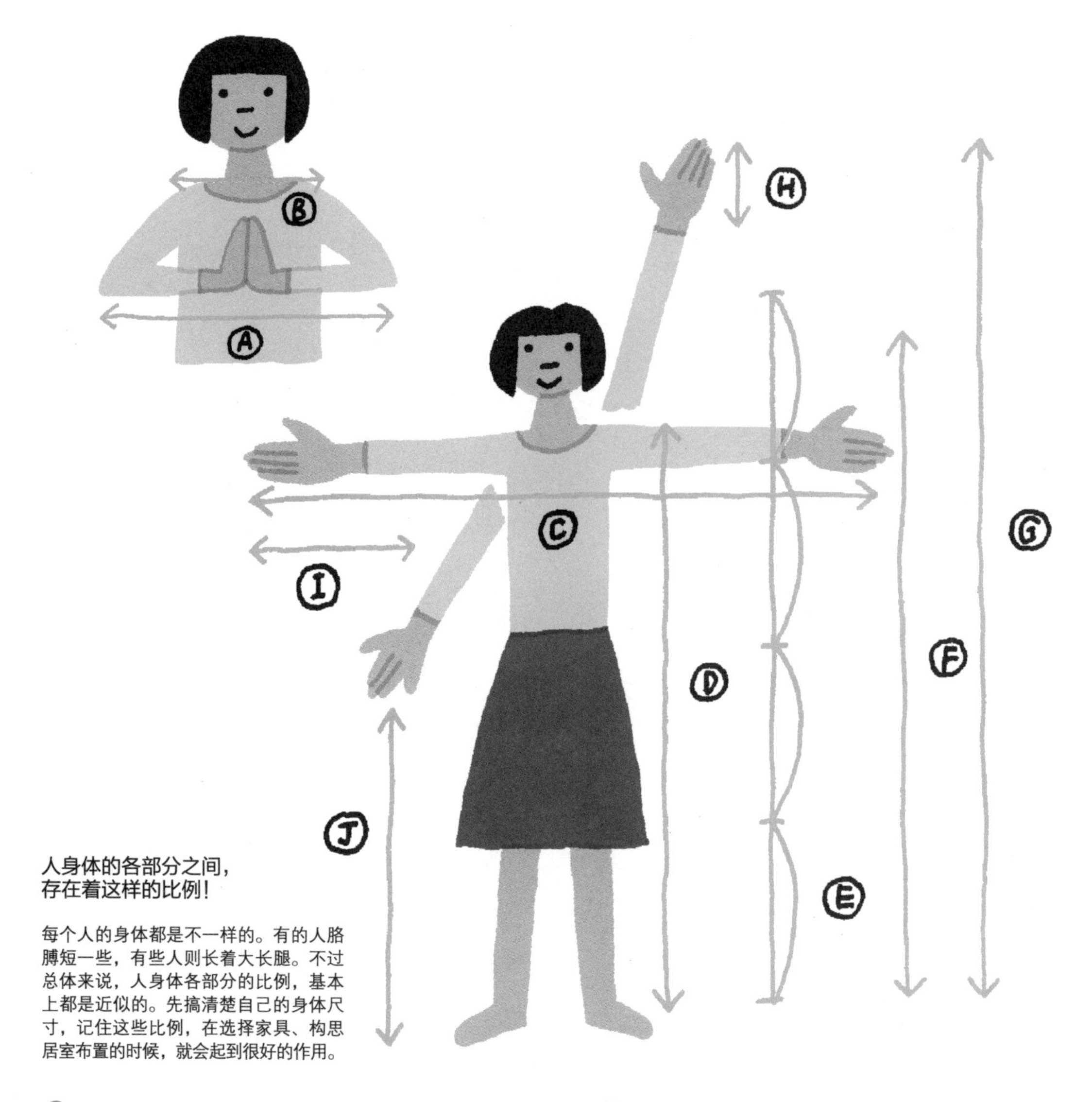

人身体的各部分之间，存在着这样的比例！

每个人的身体都是不一样的。有的人胳膊短一些，有些人则长着大长腿。不过总体来说，人身体各部分的比例，基本上都是近似的。先搞清楚自己的身体尺寸，记住这些比例，在选择家具、构思居室布置的时候，就会起到很好的作用。

- Ⓐ 两手在胸前合十，两肘撑开＝约60cm
- Ⓑ 肩宽＝身高×0.25（身高的1/4）
- Ⓒ 两臂向两侧完全伸展开，左右手中指之间的距离＝与自己的身高基本相同
- Ⓓ 肩膀的高度＝身高×0.8
- Ⓔ E膝盖高度＝身高×0.25（身高的1/4）
- Ⓕ 眼睛的高度＝身高×0.9
- Ⓖ 手臂尽量上举时的指尖高度＝身高×1.2
- Ⓗ 手腕到指尖的距离＝15～20cm
- Ⓘ 肘部到指尖的距离＝约40cm
- Ⓙ 手自然垂下时指尖距地面的高度＝身高×0.4

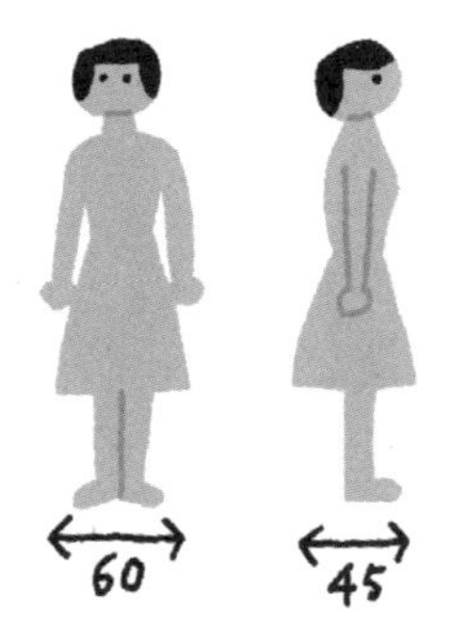

身体宽度为60cm，厚度约为45cm

跟其他身体尺寸一样，身体的宽度和厚度也有个体差异，不过普通人直立通过时所需要的宽度至少也要60cm。因此家中过道的宽幅也要保证60cm。如果实在做不到，只能侧身通过的话，那么过道宽度有45cm，也就够了。

在什么高度放什么东西，要根据使用频率来决定

经常使用的东西，要放在手能够得着的地方

前面说过，收纳的原则是“哪里使用，哪里存放”。那么在确定了存放点之后，接下来就应该按照物品的使用频率确定具体位置。使用频率可以分为3类：

① 经常使用

② 时不时地使用

③ 很少使用

对于①的“经常使用”的物品，则应该放置在手能够得着的位置，而②的“时不时地使用”的，则放在前者的周围，至于③的“很少使用”的物品，则应该放在②的周围。

存放“时不时地使用”和“很少使用”的物品的空间，只要采取好的收纳技巧，“时不时地使用”会变成“经常使用”的空间，而“很少使用”也会变成“时不时地使用”的空间。

比方说使用篮子或箱子就是一个办法。在手勉强够得着的地方放一个较深的篮子，那么即使存放在靠近顶棚的位置，也能在拿的时候直接把篮子取下来，而不必使用脚凳。再比如使用进深大的篮子，也可以不用脚凳，直接把内侧的东西取出来。东西存放的位置太靠里，需要使用脚凳的，不适合收纳“时不时地使用”的物品，而如果使用了篮子或箱子，就可以在这些位置放“时不时地使用”的物品了。

在盥洗室等经常使用的地方，应该把“经常使用”的物品放在进深较浅的搁架上，一目了然，存取方便。

height of a Shel

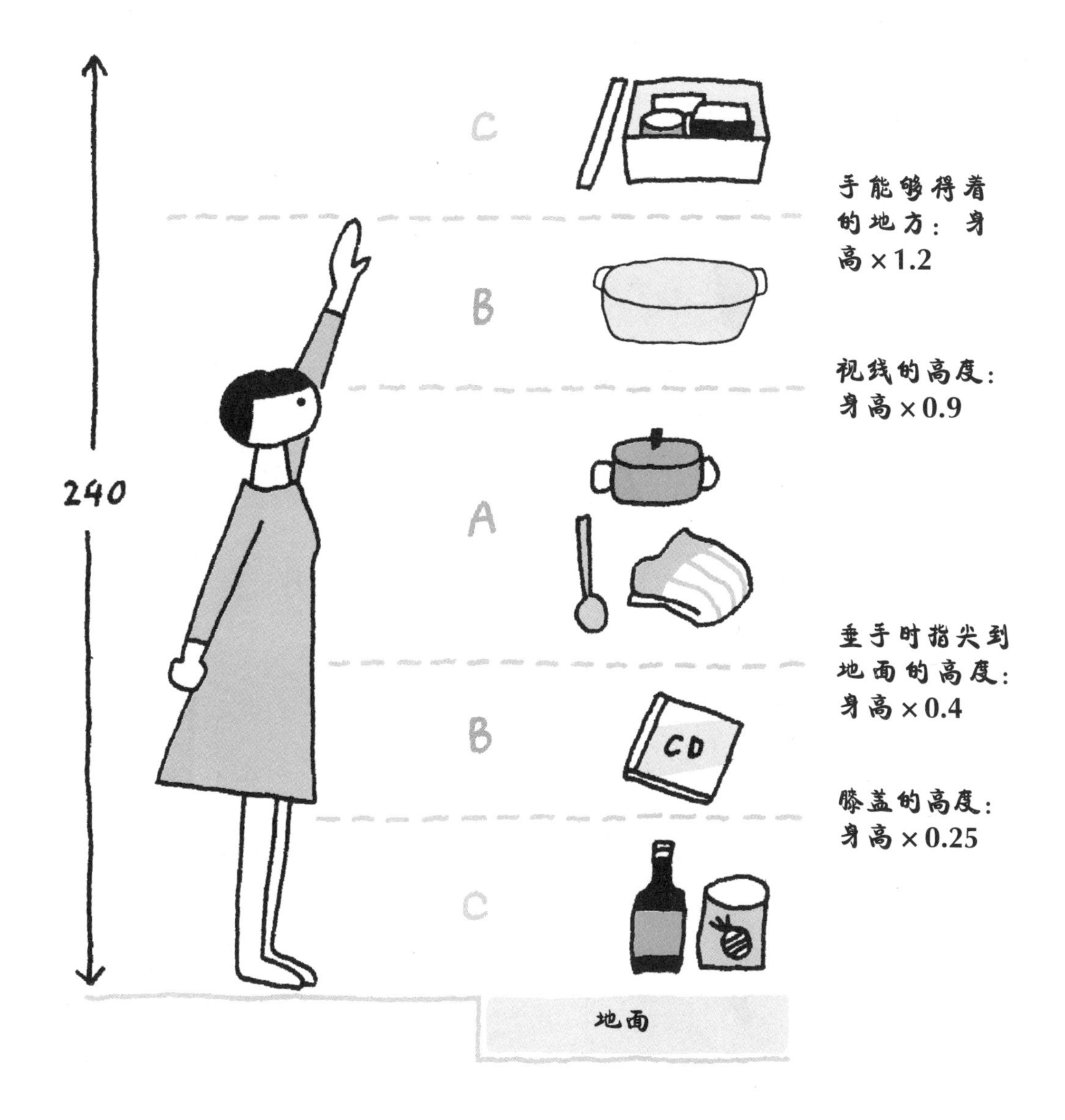

根据使用频率确定收纳搁架的高度

Ⓐ 经常使用的物品

Ⓑ 时不时地使用的物品（轻物放在上方，重物放在下方）

Ⓒ 很少使用的物品（轻物放在上方，重物放在下方）

在确定收纳位置的时候，其实不需要太费思量。只要明确“哪件东西的使用频率是多少”，自然而然地就能确定了。对于“经常使用的物品”，就放在指尖到眼睛之间的范围内，手和眼睛能够得着的范围，就是“经常使用的物品”的固定位置。另外“很少使用的物品”里，其实有些是该扔掉的，好好检查一下吧！

尺寸和房间

打造舒适惬意的空间，请从物品和人的尺寸开始

空间里装的是物品，使用这些物品的是“人”。了解物品和人的尺寸，是打造舒适空间的基础。你希望在这个空间里如何生活，这是首先需要明确的，根据生活方式来确定存放的物品，才能有一个活动便捷的空间。

SIZE × RO

□ ENTRANCE　玄关

□ KITCHEN & DINNING　厨房和餐厅

□ UTILITY　多功能空间

□ LIVING ROOM　客厅

□ BEDROOM　卧室

□ CLOSET　衣帽间

□TATAMI ROOM　日式房间

OMS

how to make **comfortable space**

I

ENTRANCE

玄关

根据鞋的高度确定搁板的位置，提高收纳能力

说到玄关的收纳物品，那当然首先是鞋了。在设置鞋柜的时候脑子里想着鞋的长度、高度和宽度并加以调节的话，那么同样大小的鞋柜，收纳能力会有巨大的提高。除了放鞋，玄关还是很多东西存放的地方，这些东西当然也要先量一量喽。

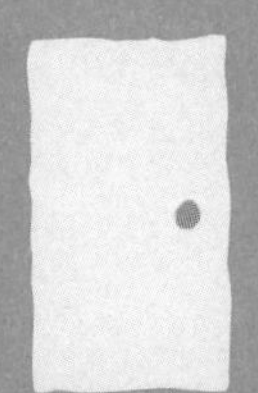

把玄关门改为子母门，设一个宽度为40cm的子门，大的行李就能轻松出入了

玄关门的宽度一般为80cm。人通过当然没问题，不过要出入婴儿车、家电或大型家具的话，可能就会比较麻烦。这个时候在玄关门旁边加一个子门，就会方便多了。子门的宽幅为40cm，两扇门一起打开，就有120cm，婴儿车也好，轮椅也好，都能顺顺当当地通过。

［进深］

32cm

Shoes locker

鞋柜的进深设为32cm。节约空间，还能让空间宽宽敞敞

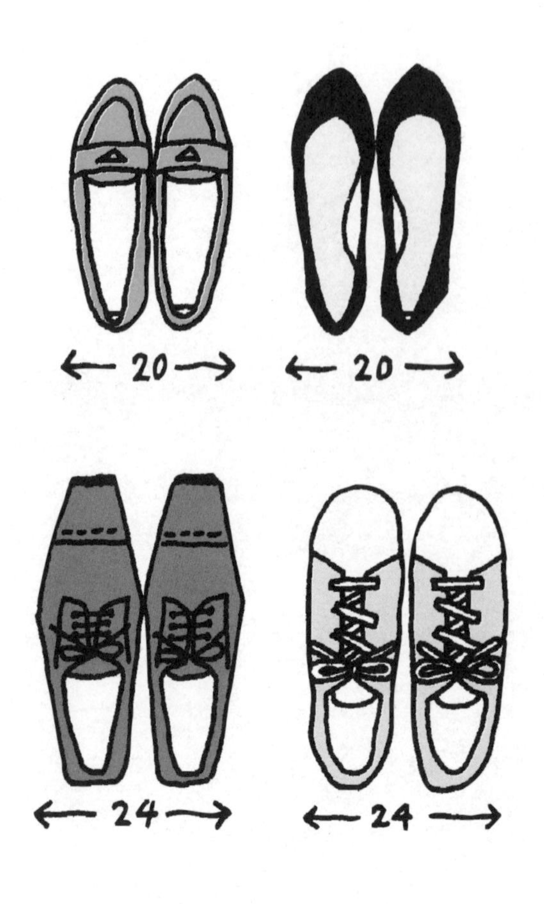

男鞋宽度一般为24cm，女鞋则为20cm

懒汉鞋、高跟鞋、运动鞋……鞋子有很多种类，尺寸各有不同。男鞋和女鞋的尺寸也不一样。

不过一般来说，男鞋的宽度大约是24cm，女鞋则是20cm左右。长度方面，考虑到鞋头部分的空间，还可以再加上1.0～1.5cm。当然有些注重时尚的男鞋会更尖，这部分空间可能有3～4cm。总体来说，鞋柜只要有32cm的进深，大部分的鞋都可以装得下。

收纳鞋的时候，首先要按使用者来区分。接下来再具体分为“一年四季都穿的鞋（上班用、上学用、运动鞋等）”、“下雨天穿的鞋（雨靴等）”、“冬天穿的（靴子、起毛材料的鞋等）”、“夏天穿的（凉鞋、女式拖鞋、穿单式和服时的木屐等）”和“参加各种红白仪式穿的”等。

男鞋和女鞋的高度、宽度都不一样，混着放的话不但会造成空间浪费，找起来也很麻烦。如果按人和使用目的来分别收纳的话，同一类型的鞋就会放在一起，使用起来也会很方便。

[男鞋宽度]

24cm/20cm

[女鞋宽度]

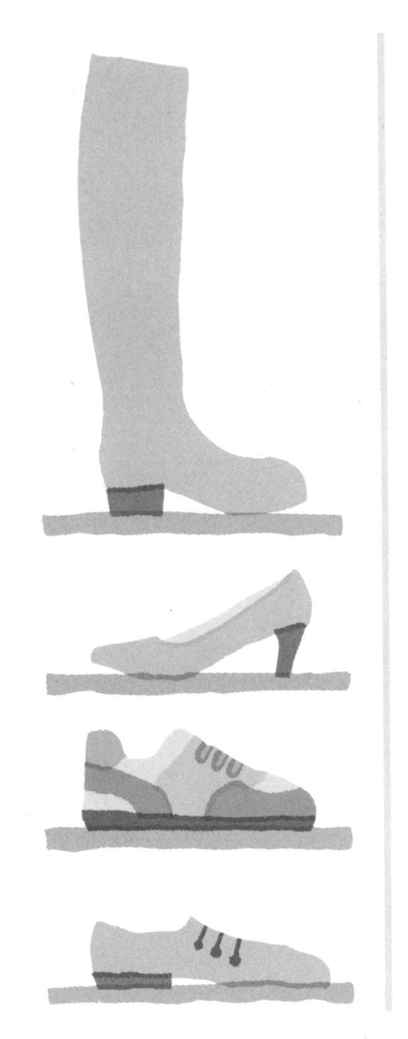

男鞋如果鞋头朝外，搁架的间隔就要再加4cm

上面说了，用鞋柜收纳鞋，男鞋要把鞋跟朝外，女鞋要把鞋头朝外摆放。如果不这么做，手就要向里面伸，搁架的间隔就要把手的厚度4cm算进去，造成空间浪费。靴子放在最上方，同样要把鞋跟向外摆放，在取的时候抓住鞋跟，就能把鞋拿下来了。

男鞋要把鞋跟朝外放，女鞋要把鞋头朝外

鞋的高度会受外形的影响。男皮鞋一般为13cm，女用平跟鞋一般为10cm左右，高跟鞋则多为14cm以上。

收纳时应尽量把相同高度的鞋放在一起，会节省空间。要想进一步提高鞋柜的空间利用率，摆放的朝向也很重要。

摆放男鞋的时候，要把鞋跟朝外摆，摆放女鞋的时候，要把鞋头朝外摆。如果把男鞋的鞋头朝外，在取的时候手就要伸进去，结果鞋的高度加上手的厚度，拿的时候很不方便。鞋跟朝外的话，一下子就能拿出来，鞋柜也不需要留出很大的高度了。

女鞋的鞋头比较短，鞋头朝外摆也不影响取放，还能一眼看出鞋的样子，选鞋的时候也方便。

至于靴子，则应该放在180cm以上的高度上。180cm的高度不会影响取放，伸出手就能抓住鞋跟，还能充分利用靠近顶棚的空间。雨靴自然也是同样的摆放方法。

Goods in the entrance

除了鞋之外，玄关还能放什么？有哪些技巧需要掌握？

男鞋鞋盒
W18cm × D32cm × H11cm

不同厂家的产品，尺寸会差别很大。如果无法放入鞋柜，就放在其他地方吧。

扫帚
W25cm × H127.5cm

如果鞋柜门内侧与搁架之间有空隙，则可以再安一个挂钩，专门挂扫帚。

煤油罐（18L）
W34m × D18cm × H40cm

要么在鞋柜的下方设一个煤油罐存放位置，要么专门做一个收纳空间，上方可以兼作长椅。

短大衣（男用）
W60cm × L110cm

如果玄关没有挂放的空间，则可以在走廊安一个挂钩，专门用来挂大衣。

伞
W6cm × D6cm × H92cm

也可以考虑放在玄关门外。使用可以安在门上的简易伞盒，也不会占用空间。

折叠伞
W7cm × D7cm × H28cm

在鞋柜门的里侧安一个毛巾架，在上面放几个S形的挂钩，把折叠伞挂在上面。

水桶
W27cm × D27cm × H38cm

和煤油罐一样，或者在鞋柜的下方设一个存放位置，或者专门做一个收纳空间，上方可以兼作长椅。

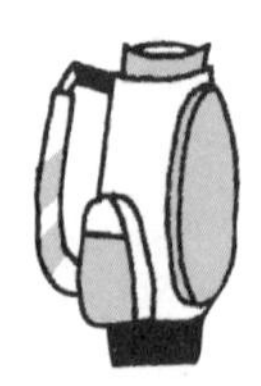

高尔夫球包
W25cm × D35.9cm × H130cm

除了玄关和储物柜，还可以放在自己的房间。如果平时在客厅对球杆进行保养，那么球包也可以放在客厅。

足球（5号）
ϕ22cm

在墙上粘贴一个挂网，用来装孩子们的体育用品和玩具。

防灾用背包
W36cm × D12cm × H43cm

既然是防灾用品，要在危急时刻随时能拿着离开家，玄关当然是存放地点的首选。即使因此挤占了放鞋的空间，也要把防灾用背包放在玄关。

灭火器
ϕ12.8cm × H47cm

原则上应该放在厨房。不过在集合住宅里，放在看得见玄关的位置也很好。

室内拖鞋（大码、单只）
W10cm × L27cm × H6cm

如果没有空间容纳竖着插放的拖鞋架，可以在鞋柜门内侧设一个毛巾架，插在里面。

门内侧也是很好的收纳空间

鞋柜的隔板进深设为32cm，收纳女鞋之后，鞋柜门内侧就会有多出来的空间。只要有5cm，就可以安一个小篮子，在里面放入鞋拔子或鞋的保养用品。门内侧和隔板之间也会有一定空隙，要想办法充分利用起来哦。

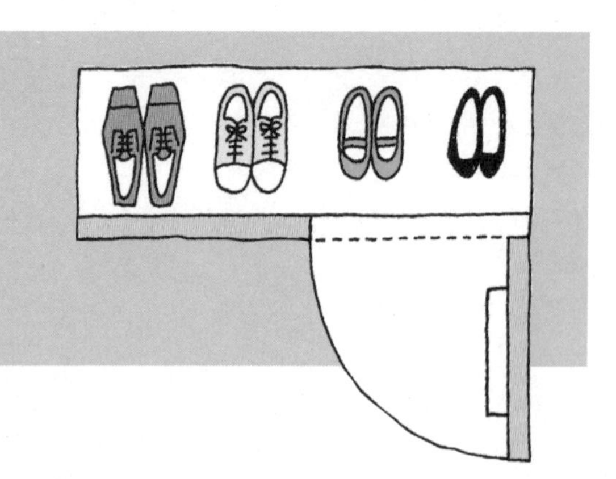

[“无障碍”的尺寸]

要想过一个心情愉快的老年生活，就该想想“无障碍”的尺寸

想在这个家里过一辈子，就要预先考虑年纪大了以后的生活状态。不管多大岁数，都想过一个愉快的老年生活吧？请认真思考“无障碍”的尺寸。

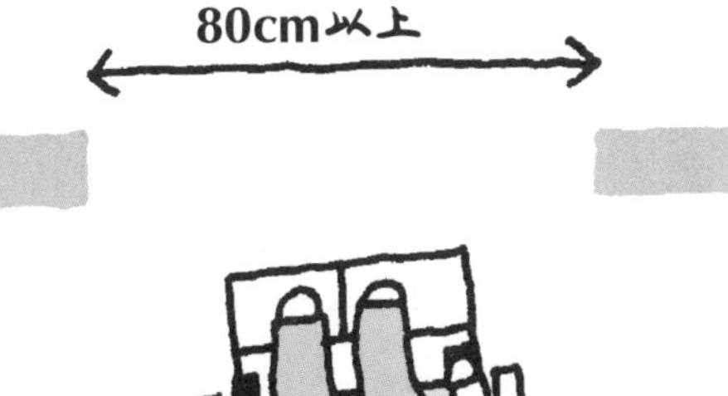

轮椅能够顺利通过的宽幅，至少也应该保证80cm以上

人朝着正前方行走时所需要的宽幅为60cm以上，而轮椅则需要80cm以上。在规划的时候，走廊和出入口应预留80cm的宽度，当然最好能保证90cm以上。

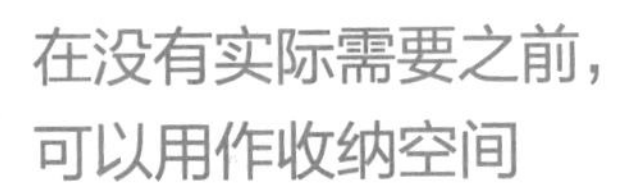

在没有实际需要之前，可以用作收纳空间

不管是谁，都希望能健康到老，生活舒心。但有些事情是不以人的意志为转移的，也许有一天我们就会需要轮椅。可到了那个时候再改建房子，代价也太大了。最好在修建、改建房子的时候，就预先留出相应的空间。

预留出轮椅能够通行的空间，也就意味着现在的生活空间也更加宽敞，心情更宽裕。如果各处的空间规划都窄窄的，空间利用效率固然上去了，可总觉得有些紧巴巴的。空间上的宽裕感，能让眼下的生活更舒畅，还能在上年纪之后发挥作用，不是很好吗？

还可以这么办：普通的过道宽度是80cm，如果把它扩大到100cm，就可以在墙边设15～20cm的收纳空间，今后需要轮椅时，拆掉这部分收纳空间就好了。

在出入口的旁边设一个轮椅能避让的空间

如果走廊和门的宽幅相同，那么在朝自己方向拉开门时，轮椅上的人就不得不后退，很不方便。在门的旁边设一块空间的话，轮椅能轻松地在这个位置避让，出入都很自由。

近藤典子

Eyes

［“无障碍”的尺寸］

使用轮椅时所需的必要空间，会因地点和动作而不同

拐弯、掉头，为了乘坐轮椅时能在家中自在地活动，就需要相应的空间。请在规划的时候，充分考虑这些动作，确定走廊的宽幅。

轻轻松松地前进时，所需宽幅为90cm

轮椅有很多品牌，大小形状也会有不同。不过基本上保证了80cm的宽幅，大多数的轮椅就能刚刚好在过道里通行了。当然如果可能，最好还是留出90cm来。在开始使用轮椅之前，如果觉得空间有些浪费的话，可以在墙边设一个进深20cm的收纳空间。

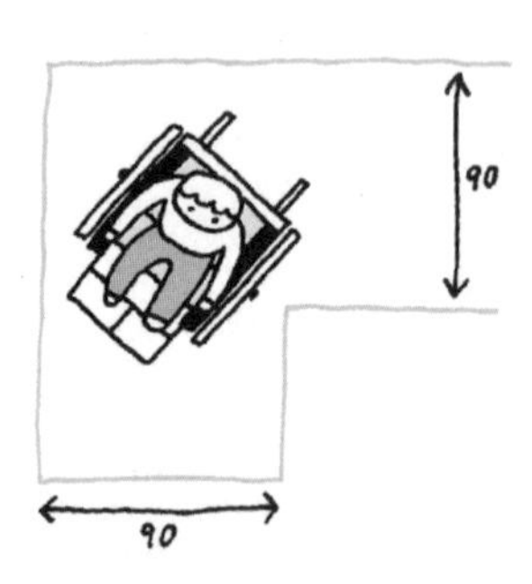

转弯时至少需要90cm

在90° 转弯时，轮椅是斜向的，因此最少需要90cm才能转过弯来。上面我们说过道最好留出90cm的宽度，也是因为考虑了转弯的因素。有了90cm的宽度，相向而来的两个步行者也能不用侧身就交错而过。

人和轮椅交错而过所需的宽度为120cm

如果过道留不出这么大的宽幅，交错时就需要人或轮椅先避让到旁边的房间里了。但如果老年人需要护理，那么120cm的宽度是必要的。

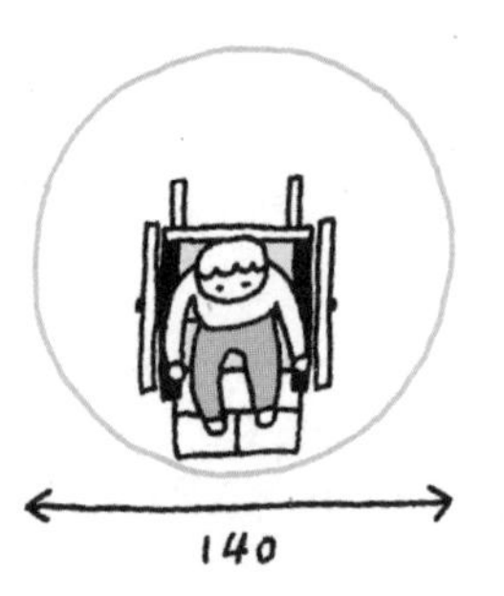

轮椅掉头需要140cm

需要这么大空间的都是居室内。特别是轮椅使用者在自己的房间里拿取东西时，经常需要转换方向。因此在这些居室里尽量不要摆放太多东西，为使用轮椅的家人留出足够的空间来。

除了使用轮椅，还需要考虑其他“无障碍”因素

年纪大了之后，腰腿都不好，有时候把手抬起来都会感到困难。在出现这些情况之前，我们需要做好各种准备。

[开关的位置]

距地面低于90cm

开关的位置一般距地面120cm左右。但上了年纪之后，手就不容易够到这个位置。如果设在90cm高的位置，比肘部高度略低，操作起来就容易了。另外在这个高度上，小孩子和乘坐轮椅的人也能很方便地够着。

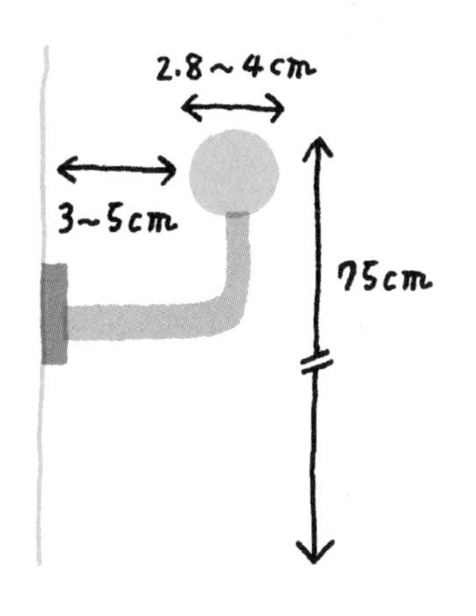

[扶手]

扶手直径最好在2.8～4cm之间

一般来说扶手的位置是距地面75cm，当然还是要按使用者最方便的位置来设置。至于扶手直径多粗才合适，这也存在个体差别，让使用者尝试之后再做决定比较好。太粗的扶手不容易握紧，还是细一些的好。另外最好在扶手与墙壁之间留出3～5cm的空隙，免得手背碰在墙上。即使眼下不用安装扶手，也要预先在墙壁的相应位置埋设好固定用的底材，将来安装时会方便很多。

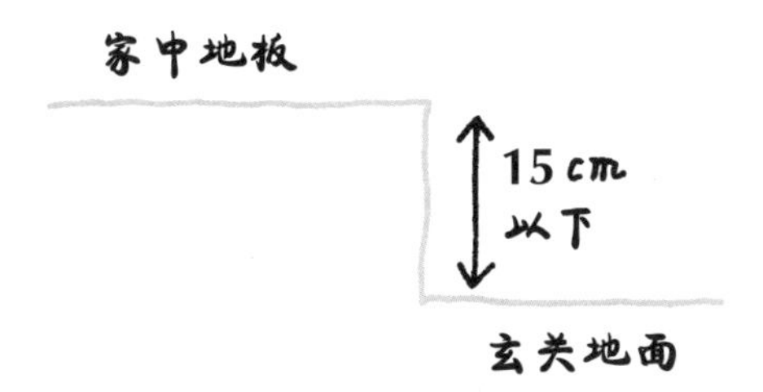

[高低差]

高低差保持在15cm以下。不大的高低差也会带来危险

考虑到老年人腿脚不便，台阶等存在高低差的地方，最好限制在18cm以下，当然15cm以下会更好。即使高低差只有2、3cm，也可能导致人绊倒；因此，老年人的家庭中还是不要铺地毯、垫子等物。

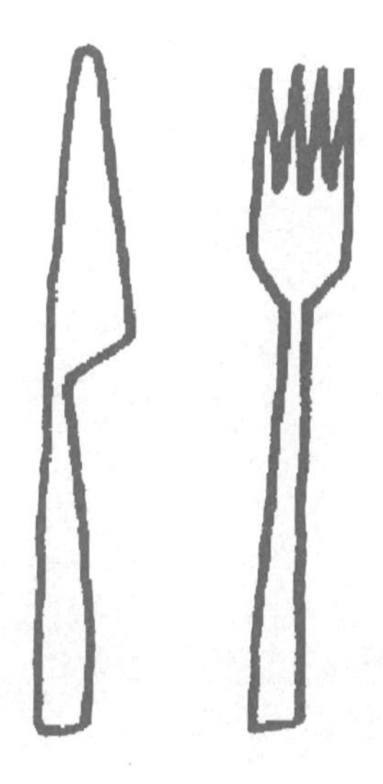

2

KITCHEN & DINNING

厨房和餐厅

对于人来人往、物品聚集的空间，应该优先考虑活动便捷、使用方便

在家中，东西最多的地方是厨房和餐厅。
人来人往，动作幅度也很大，因此要充分考虑物品和人的尺寸，
规划空间，确定收纳的布置。

根据物品的种类加以区分，把尺寸大的物品归在一起

餐具、调料、炖锅、煎锅等烹调用具，电饭煲、烤箱等厨房家电，还有垃圾桶……厨房中从大到小，充满了各种各样的东西。乍看起来，好像没法把大小相近的物品归类，然后放在进深规格两三种的搁架上。其实不然，各种小物件很多，归类起来反倒更方便，而且可以充分利用边边角角的小空间，将它们收纳起来。

在考虑厨房的收纳空间时，第一个任务就是掌握有些什么东西，有多少。我建议，可以把厨房里的物品按照“食品”、“烹饪用品（含厨房家电）”、“餐具”、“杂货类”和“密闭容器”等5个类型来区分。然后在每种类型中，找出尺寸相近的物品进行分类。

厨房里有很多小物件，尺寸为10cm的物品排成两排，就可以放在进深20cm的搁架上，排成三排，可以放在30cm的搁架上。先在同种类的物品中找到最大的，然后依照其尺寸，把小的物品进行组合，与大的物品摆放在一起。

例如，在归置餐具的时候，除了特别大的餐盘和菜盆，日常使用的餐具中最大的，也不过是直径28cm的西餐盘。这种尺寸的西餐盘，自然只能摆在进深30cm的搁架上。而30cm的搁架，能摆放三排直径10cm的餐具，直径15cm的餐具也能摆两排。而直径小于10cm的物品，可以根据搁架进深，放一个金属篮，把这些小物件放在篮子里。

但是搁架上摆放物品不能达到四排。人一眼就能看清搁架上的物品的，最大限度就是三排。人在厨房里往往很忙碌，物品摆放得一目了然，是件很重要的事。

按照这个思路，除了烤箱等大件物品，厨房的搁架有两种就够了：40cm和30cm。摆放一般的烹饪器具和厨房家电的搁架，采用40cm进深；摆放餐具类的搁架，采用30cm进深。厨房的搁架采用这两种规格，收纳什么东西都能做到手到擒来。

仅摆放茶具的话，隔板进深20cm就够了

在考虑厨房收纳的时候，最好同时考虑餐厅的问题。如果经常在餐厅喝茶，那么把茶具放在餐厅也许更好。咖啡机、烤面包机也放在餐厅，对于有些家庭来说可能更便利。

如果只想把茶具放在餐厅，那么准备一个进深20cm的搁架就足够了。

厨房和餐厅的用具，往往容易混在一起。希望大家好好想想自己家平常在餐厅做些什么，准备餐桌的是谁，都做些什么准备，就能明白哪些东西该放在餐厅，哪些又该放在厨房了。

厨房的搁架宽度，最好采用30cm和40cm两种

Depth 30cm

能放晚餐盘、酒杯和饭碗类

在厨房中，有些东西无法放进系统厨房中，也很难找到一个合适的放置位置。这就是餐具和厨房家电。

除了特别大的餐盘和菜盆，日常使用的餐具中最大的，就是晚餐盘。一般来说直径为28cm左右。这种尺寸的餐盘，需要收纳在进深30cm的搁架上。

那么进深30cm的搁架，是否也适合收纳别的餐具呢？我们看看其他餐具的尺寸吧。玻璃杯和茶杯的直径为10cm左右，而饭碗和酱汤碗的直径则多为12cm。使用进深30cm的搁架，玻璃杯和茶杯就能摆放三排，而饭碗则可以摆放两排。

咖啡杯的直径一般是11cm左右，咖啡托碟则为16cm。杯和托碟一起摆放的话，搁架就无法摆下2排。怎么办呢？如果有6副杯碟，就可以把6个托碟重叠在里侧，上面摆4个杯子，外侧再摆2个杯子，30cm的搁架也一样能放得下。或者换个思路，咖啡杯、托碟还是一起放，但外侧可以摆一个直径10cm的马克杯，一样能充分利用搁架空间。

筷子的长度多为24cm，餐勺和餐叉长19cm，餐刀则为23cm，摆放在进深30cm的搁架上，完全没有问题。

30cm的搁架，放书籍也正合适。那些精美又实用的美食书籍，放在厨房才能发挥作用。随便在搁架上找一个小角落，就能摆放得下。

一般来说，玻璃杯的直径为7～10cm

玻璃杯的种类很多，但大多数的直径是7～10cm。平底杯的直径是10cm左右，在30cm的搁架上能放三排。如果是自己特别喜欢的杯子，就怕不小心摔了，那就多留点空间，摆成两排吧，看起来也舒服。

咖啡杯和咖啡托碟也摆成两排

咖啡托碟的直径是16cm左右，马克杯是10cm。这两者摆在一起当然也可以，不过杯子和托碟也可以一前一后地放，摆成两排。

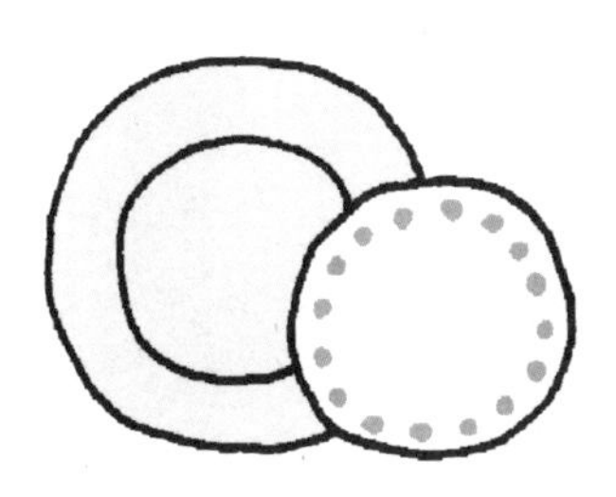

**日常使用的最大
餐具是晚餐盘**

餐具中尺寸最大的是直径28cm左右的晚餐盘。其他较常用的西餐具还有蛋糕碟和面包碟，分别是18cm和16cm左右。西餐具之外的日式餐盘，尺寸也差不多。

**餐叉、勺子和筷子等的
长度也不会超过30cm**

成年人用的筷子多为24cm。其他餐叉、勺子之类虽然有多种规格，不过即使是西餐中的肉类用餐具，叉子也不过19cm，刀子为23cm左右。在进深30cm的搁架上放一个盒子，这些东西都能放进去。

**饭碗和酱汤碗
可以前后摆两排**

饭碗和酱汤碗的直径是12cm，在30cm的搁架上可以很充裕地摆两排。可以把家里人用的碗都放在一个金属篮里，饭前准备和饭后收拾时，一次性就能取放完毕。

**大容量的电开水瓶，
有了30cm的空间也能放得下**

电开水瓶的直径，从22cm到近30cm，类型不少。不过只要保证搁架有30cm，大体上都能放得下。如果喜欢在餐厅喝茶，当然把开水瓶放在那里更好。

**茶杯
可以放三排**

喝绿茶的茶杯直径一般为10cm左右。即使再大一些，前后摆放两排也是轻轻松松的。客人专用的茶杯，可以和托碟成套地放在一起。

**美食书籍也能放在
30cm的搁架上**

美食方面的书籍，最能发挥作用的当然还是厨房。A4大小的书，宽度为21cm，更大些的杂志，也不过25cm左右，放在30cm的搁架上自然手到擒来。搁架上还可以放置办公用文件盒，有些烹饪秘籍，可以打印出来放在里面，用的时候随时拿出来学一学。

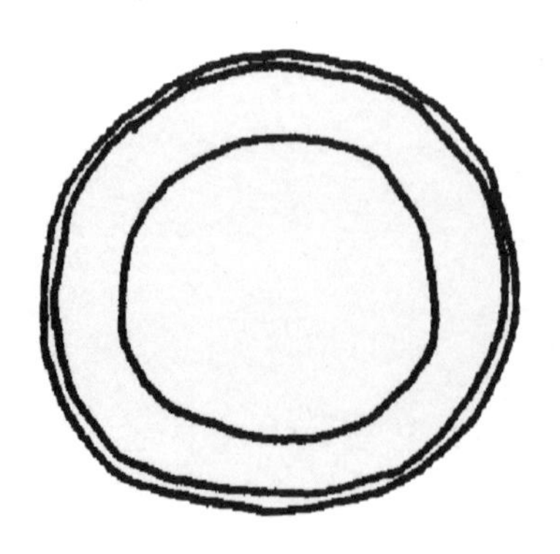

大盘子的固定摆放位置，
应该是进深40cm的搁架的上方

直径30cm以上的大型餐具，应该放在进深40cm的搁架上。使用频率越低的东西，就越可以放得高一点。而伸出手就可以够得着的位置，要放“时不时地使用”的物品。

需要散热的家电类的搁架进深应为40cm

电饭煲、烤箱、咖啡机、食品加工机、榨汁机、电炉等，厨房里的家电还不少。

这些家电的大小各不相同，其中有些则会发热，摆放的时候要特别多留出些散热空间。

电饭煲的直径约为35cm，电烤箱则多接近30cm，收纳这些东西需要40cm左右的进深。

除了厨房家电，还有一些厨房用具没法在30cm的搁架上摆下。很大的餐具、做寿司的木桶、不锈钢盆等，还是有很多东西需要用到40cm的搁架。2L一瓶的矿泉水，6瓶一箱，24听罐装啤酒的纸箱，这些东西要放在厨房的话，还真少不了进深40cm的搁架。

还要考虑放置高度。厨房家电摆在那里是要使用的，最好放在离地面70～85cm高度的地方，操作起来就便利了。

如果想把餐具搁架和家电摆放的地方合为一体，可以考虑在高度为70cm的地方放家电，采用进深40cm的搁架，再往上则放餐具，进深有30cm也就够了。

假设家电的高度为40cm，那么放餐具的搁架高度就是110cm，这里摆放“经常使用”的物品。

功能强大、容积大的电饭煲

近来，电饭煲的体积越来越大，1L米容量的电饭煲的进深接近38cm。蒸饭的时候会有水蒸气，对此可以把放电饭煲的那层隔板设置为滑动式的，蒸饭时可以拉出来，或者干脆放在外面蒸饭。

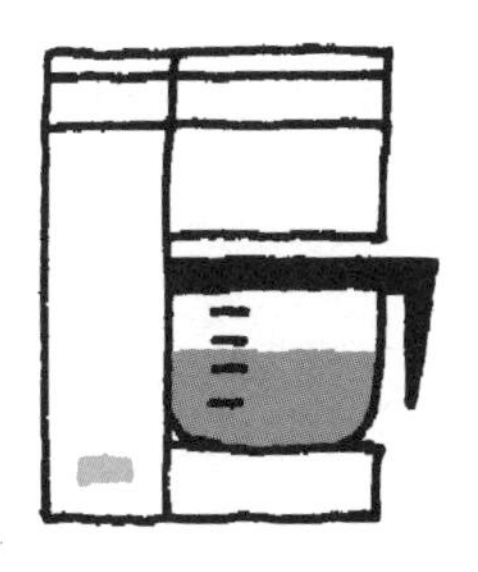

小型的咖啡机，可以和其他家电放在一起

咖啡机本身没多大，其实不需要40cm的搁架。不过厨房家电集中放在一起，使用起来会更方便。如果想把咖啡机放在餐厅，那就在餐厅专门设一处，把其他家电也摆在这里。

电烤箱也需要较大的摆放空间

电烤箱的进深是30cm左右，不过在使用的时候会发热，需要周围有散热空间，因此还是应放在40cm的搁架上。当然各家有各家的习惯，如果喜欢把烤箱放在餐厅，那也没问题。

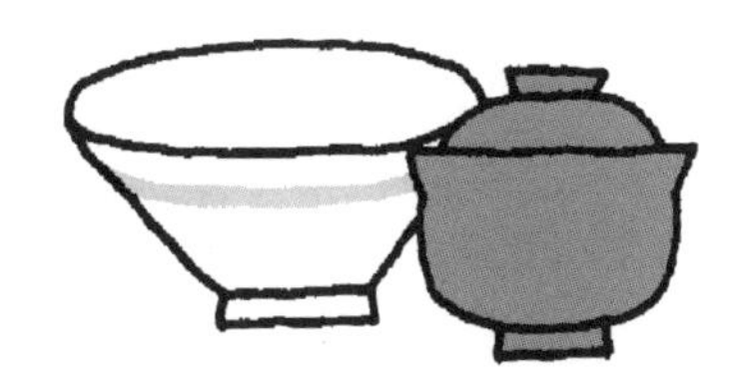

大碗和盖饭用中碗的收纳，需要较大的进深

有些大碗太大，30cm的搁架上放不下，那就放在这里。盖饭用的中碗，以及面碗的直径是20cm左右，放在30cm的搁架上有些浪费空间，而放在40cm的地方则刚刚好。

上网查菜谱？40cm的地方正好放下电脑！

进深40cm的搁架，可以替代电脑桌了

上网查查菜谱、写写博客，厨房里也可能经常用到电脑。有了40cm的搁架，放电脑的地方也解决了。把笔记本电脑打开，也不觉得局促。

Depth 50cm

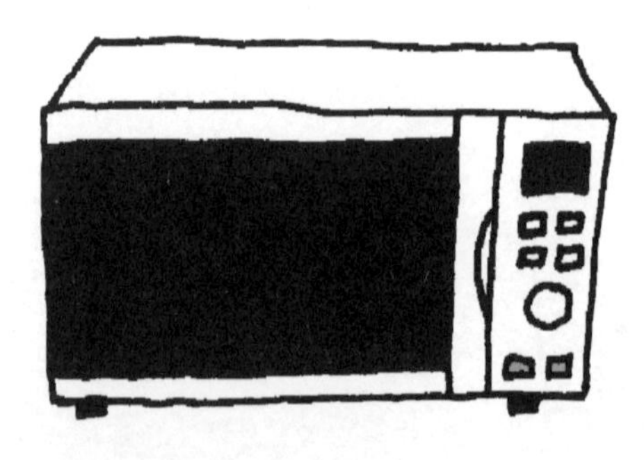

这是厨房的必备神器，但是……

如今的微波炉，功能越来越多，堪称厨房神器。可缺点是体积也小不了，不管哪个厂家的产品，进深都在40～45cm。既然微波炉的本领这么大，那就特殊对待一下，专门打造一个进深50cm的搁架吧。

进深45cm的微波炉应该放在哪里?

前面提到的各种物品，基本上都能放在进深40cm的搁架上。唯一摆不下的，就是微波炉。各种品牌的微波炉，进深都有40～45cm，再加上还要考虑散热，收纳空间怎么也都要50cm。

系统厨房中也专门留有放微波炉的空间，只是位置太低，不弯腰就难以操作。腰不好的人，或者想保留燃气灶周围空间，以便存放其他物品的人，还是觉得不够方便。

因此，我们需要在厨房里专门为微波炉设置一个进深50cm的搁架，为此需要考虑高效率的收纳系统。

微波炉和垃圾桶是厨房里不好处理的物品，解决它们要靠“家电塔”

除了微波炉，垃圾桶也是家里面很难解决放置场所的东西。
现在给大家介绍“家电塔”，能将两种物品的放置问题一举解决。

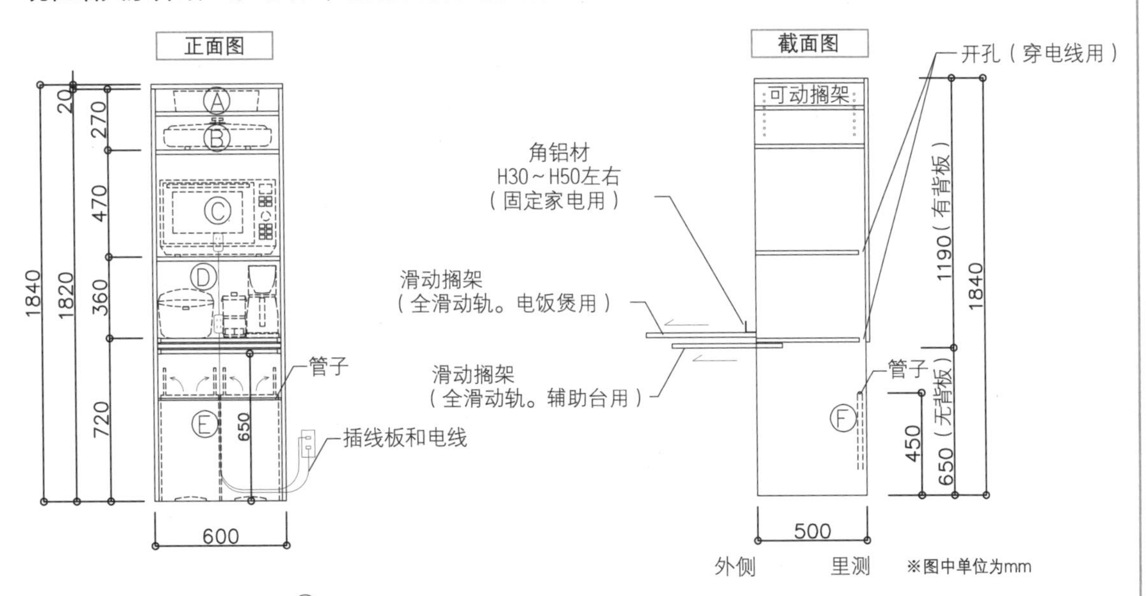

Ⓐ **寿司桶**（ϕ33cm×H9cm）
Ⓑ **电炉**（W49cm×D39cm×H14cm）
Ⓒ **微波炉**（W52.9cm×D45cm×H34cm）
Ⓓ **电饭煲**（W26.5cm×D38cm×H20cm）
Ⓓ **咖啡机**（W15.2cm×D22.6cm×H31.1cm）
Ⓓ **食品加工机**（W11cm×D15cm×H20cm）
Ⓔ **垃圾桶**（20L）（W26.4cm×D44.8cm×H46.8cm）
Ⓕ **垃圾袋**（30L）[55cm×70cm（**折叠为1/4大，**25cm×34cm）]

在这里放两个20L的垃圾桶和微波炉！

各地扔垃圾的规定都不尽相同，但基本上厨房里应该备有两个大的垃圾桶。只是在很多家庭的厨房里，很难找出一块放垃圾桶的位置。

因此我构思了一个能收纳垃圾桶的“家电塔”。使用两个进深与微波炉相近的垃圾桶，放在下面，上面安一个台子，放置日常使用的电饭煲、食品加工机等。考虑到垃圾桶开盖的高度，台高应距地面72cm左右，正好是成人做饭时最合适的高度。

微波炉的摆放位置在台子之上。距离地面108cm左右，比视线的高度略低。在这个高度摆放微波炉，各种操作一伸手就能做。在微波炉的上方再设一个搁架，摆放电炉、寿司桶等时不时地使用的物品。

把家电集中于一处来摆放，使用起来很方便，即使有些家电很大，难以收纳，放在这里就没有问题了。

[餐桌]

餐桌是餐厅的主角，
4人用餐桌为140cm × 100cm

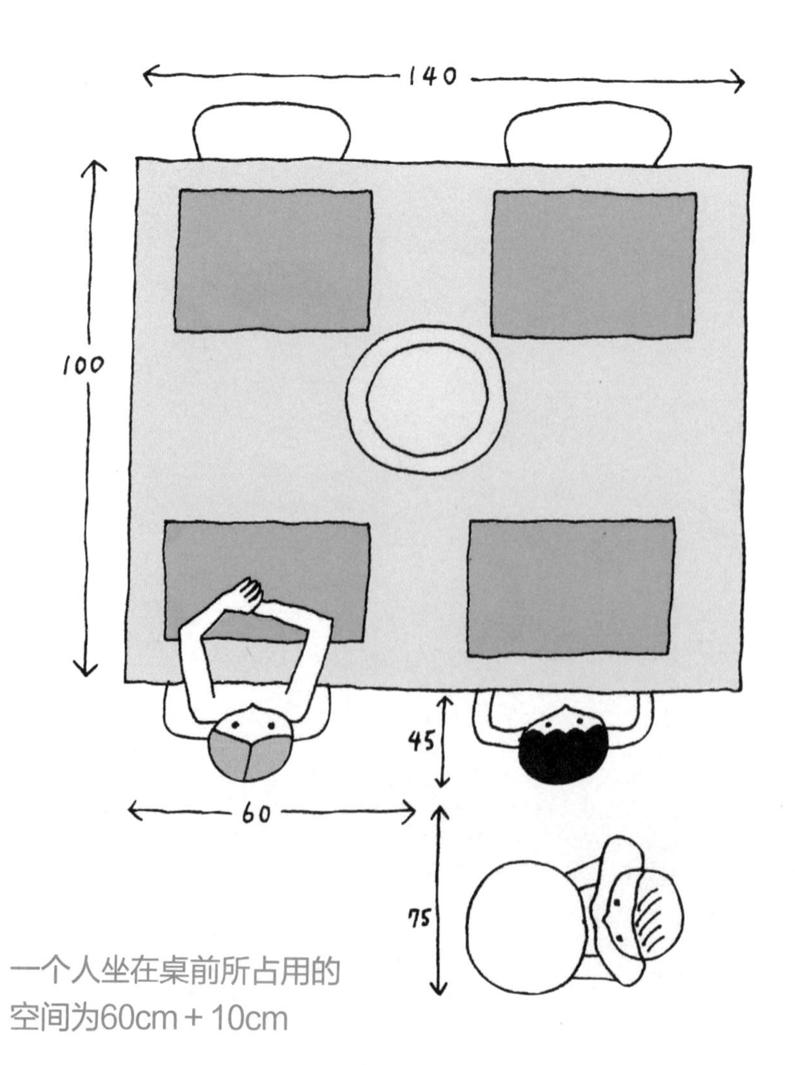

在餐桌的后面要留出120cm的空间

人坐在椅子上时的宽幅为45cm，后面有人通过时所需宽幅为60cm。考虑到人端着碗盘走动等因素，再加上15cm，保证75cm的通过宽幅。两者相加，餐桌后面要留出120cm的空间。

一个人坐在桌前所占用的空间为60cm + 10cm

说到餐厅中最大的家具，那当然是餐桌了。

要想舒舒服服地用餐，餐桌需要多大的呢？我觉得差不多是长140cm，宽100cm的桌子吧。

之所以这么说，是因为前面讲过，人在两掌合十的时候，左右两肘的距离为60cm。吃饭时胳膊不碰到旁边的人的话，还另外需要10cm左右的余量。所以一个人在餐桌前所需的空间为70cm。

很多桌子的宽度是90cm，不过有条件的话还是选用100cm的更好。大一些的盘子，直径有26～30cm，面对面坐的两个人，光盘子就占去60cm的空间了。宽度90cm的餐桌，这时候留给吃饭者的空间只有30cm，再加上其他的餐具和放在桌子中间的菜，桌面就很紧张了。有了100cm的宽度，到了冬天，大家可以围着桌子吃火锅，宽敞的桌面，放杯盘碗筷都没问题。

NING TABLE

餐厅
由这些东西
所构成

房间的面积足够的话，还是该选用较大的餐桌

一家四口的话，可使用140cm×100cm以上的餐桌。六口之家的话，一般使用宽180cm的桌子，不过房间的面积如果够的话，我建议还是选再大些的。因为大桌子具备小桌子全部的功能。

椅子的坐面高度为身高的1/4比较合适

一般的椅子，坐面高度多为人身高的1/4。而从坐面到桌子的高度差，一般为30cm左右。一个人的身高是160cm，则椅子的坐面高度为40cm，桌子的高度为70cm。

要想餐具垫之间有适宜的间隔，桌子宽度就需要100cm

普通的餐具垫规格为40cm×32cm。如果桌子的宽度只有90cm，面对面的两个人使用的空间只剩26cm了。在餐具垫之间想放几盘菜的话，还是需要桌子有100cm的宽度。

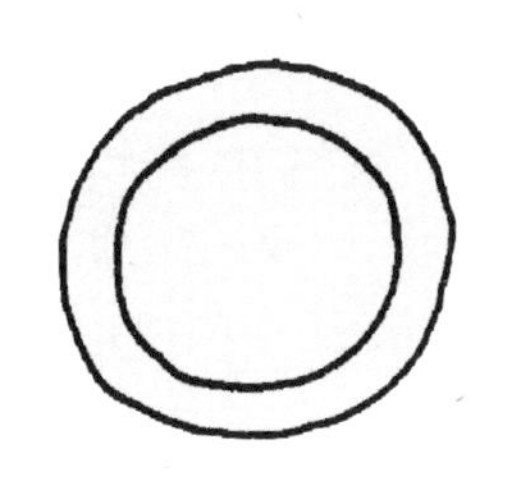

餐桌的宽度，应该能平着摆放3个30cm的盘子

主菜用的大盘子直径是26~30cm，再加上一个酱汤碗，中间的剩余空间就不足30cm了。一些盛在一起的菜或火锅都要放上去的话，桌宽还是100cm的好。

还要考虑来客人的时候

该选多大的桌子，自然跟餐厅的面积有关，不过更重要的还是打算在餐厅做什么。比如说来客人的时候，在哪里吃饭？来客的频度？最多来多少人？这些都要考虑。

如果不在餐厅，而是在客厅接待客人，那么餐厅基本上就是家人专用的。如果要在餐厅接待客人，就需要预先准备一张大餐桌，或是使用能展开的桌子，再就是临时从其他房间搬来桌子用。而这些，都需要考虑相应的餐厅空间。

家里人吃饭的习惯如何？孩子做功课在不在餐厅？熨衣服等家务活是不是在餐厅做？吃饭之外的功能，也在某种程度上决定着餐厅布局。

[系统厨房]

最常见的系统厨房的宽度是255cm，应该怎么使用?

在255cm的范围内，考虑如何分配空间才能有效率

当你新建了一所住宅，或是对老房子进行了改建，会不会希望厨房能再大一些？在宽敞的厨房里，尽情地施展自己的厨艺，的确是很多人的梦想。然而需要注意的是，并不是厨房越大，使用起来就越方便。

便利的厨房中，隐藏着一个数字：连接水池、灶台到冰箱三点之间的总距离之和，是360～600mm。三边之和太短，则施展不开，太长呢，又会产生很多无效的动作。

厨房中的工作，是按照“准备食材→清洗→切菜、备料→烹饪”的顺序而来的。所以需要一个把食材从冰箱里拿出来之后放置的地方“准备台”，以及“水池”、“操作台”和“灶台”。准备台最少也需要20cm宽，这样才能放食材。而如果没有这部分，水池里洗菜时溅出来的水，就会洒到地上。

水池的宽度有80cm就差不多了。有了这么大的空间，就能同时放进去两个煎锅来清洗了。操作台最好留出70cm以上，干起活来比较方便。而燃气灶的规格，市场上有60cm和75cm两种。

上面的空间分配只是一个例子。家里的系统厨房现在大多是255cm的，如果采用这种方式，厨房的工作效率就会不一样。

系统厨房之中，水池、操作台和灶台的规格都有不止一种，可以根据自己家的具体情况来进行组合。希望操作台宽一点的话，就可以选择较窄的灶台或水池。请参照下一页的示意图，选择最适合你自己的空间分配办法。

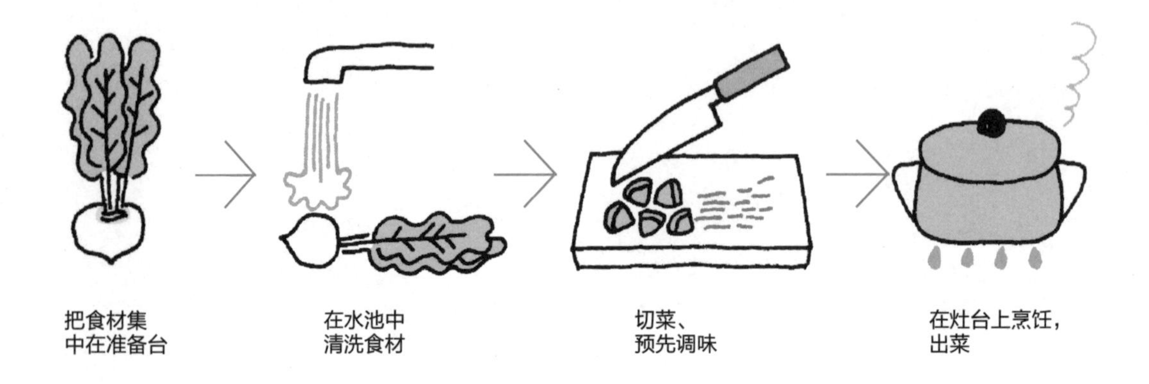

把食材集中在准备台 → 在水池中清洗食材 → 切菜、预先调味 → 在灶台上烹饪，出菜

KITCHEN

近藤典子推荐的255cm标准型系统厨房的空间分配比例

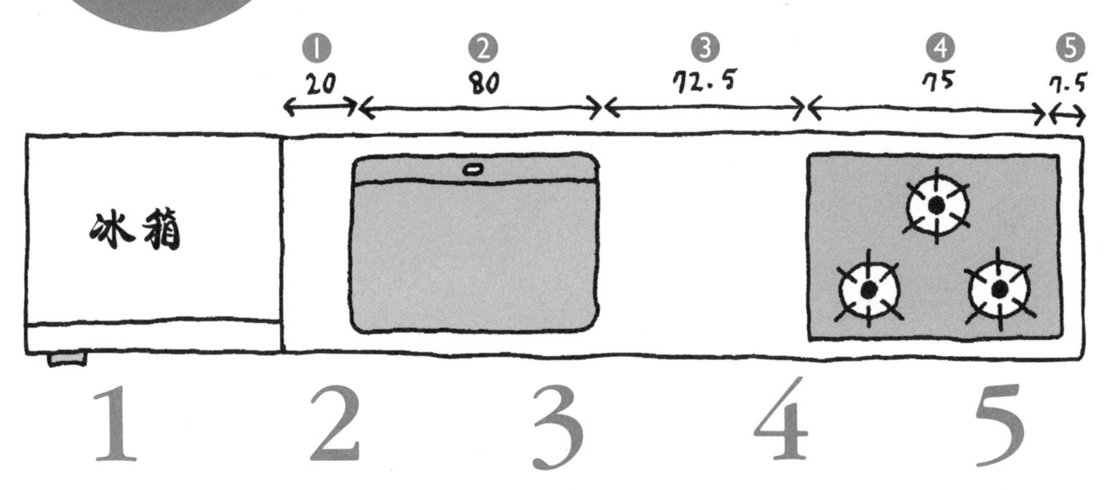

1 在水池的旁边设20cm宽的准备台

要防止水池中的水泼洒到地面，可在水池旁边设一个20cm的准备台。冰箱里拿出来的食材可以放在这里，洗好的食材还可以装在金属篮里，在这里控水。

2 宽度为80cm的水池，能放进去两个煎锅

有了这个宽度，能同时放进去两个煎锅或火锅。在清洁的时候，伸出两手，水池的边边角角都能够得着。

3 操作台的宽度达到70cm，做准备的各种材料都能放得下

切菜板的长度多为36cm，操作台要是短于45cm，干起活来就会感觉局促。如果操作台达到70cm，那么切菜板和食材都能放得下了。伸手可及，省力省心。

4 燃气灶的规格有60cm和75cm两种，你喜欢哪一种？

目前市面上的主力产品，规格分为60cm和75cm两种。75cm的产品，可以同时摆下3个较大的锅。要想灶台宽敞些，操作台或水池就要窄一些。

5 消防法规定的7.5cm的间隔

日本的消防法规定，60cm的燃气灶，和墙壁之间的间距应在15cm以上，而75cm的燃气灶的距墙间隔，则为7.5cm以上。这部分的空间是无法节省的。

操作台的宽度达到70cm以上，切菜板、大碗和四方盘都能放得下

要放得下切菜板，并且不太局促，操作台至少需要45cm的宽度。如果宽度达到60cm，烹饪的时候就不会不小心碰到旁边的人了。既然如此，为什么要追求70cm的宽度呢？这是因为系统厨房的进深是65cm，操作台的宽度达到70cm的话，不但可以放切菜板（W36cm×D24cm），靠墙的地方还能放一个直径25～30cm的大碗，切菜板的旁边也能摆下宽度30cm左右的四方盘来盛放切好的菜。开火前的所有工作，都可以集中在这里处理好。

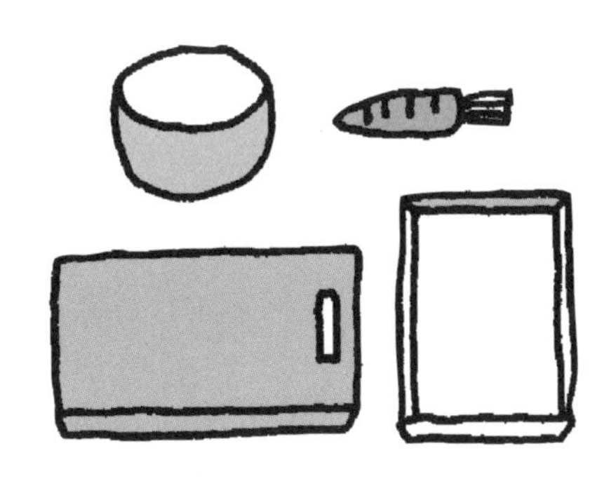

[系统厨房]

255cm的空间，能放下这么多东西！锅碗瓢盆全都一网打尽

系统厨房的宽度是255cm，在这么大的空间内，到底能收纳多少物品呢？
测量好物品的尺寸，再认真想想收纳的方法，你就会发现这里面能放很多很多东西。

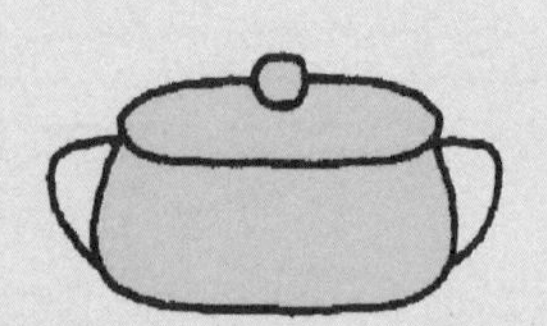

汤锅类洗干净之后，收到水池的下方

汤锅之类的收纳位置是水池下方。除了洗好之后随手就能收好，动线上的效率很高之外，与其他位置相比，水池下方的湿气较重，最好不要在这里存放食品或纸类。

切菜板和菜刀放在水池下方的抽屉里

切菜板和菜刀也放在水池下方。几个抽屉中，要放在最上方的抽屉的最外侧，这样拿的时候伸手可及。放的位置离操作台越近，用的时候自然也最方便。

粉末状调味料放在操作台上方的吊柜里

粉末状调味料是不能放在湿气重的地方的。燃气灶的附近容易受热，也不合适。最佳位置是吊柜的最下层，而且最好是操作台上方的吊柜。再进一步的话，可以用一个带把手的篮子，把调味料都放在里面。

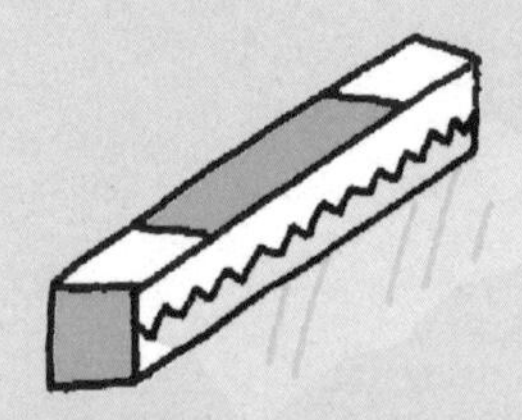

保鲜膜放在水池下方的抽屉式托盘上

保鲜膜是经常要使用的物品。铝箔、密封袋和保鲜袋之类的也是如此。这些杂货类要放在水池下方的抽屉式托盘里，在操作台前切菜时，伸手就能拿到需要的物品。

笊篱和大碗放在水池下方靠上的位置

在做准备的时候，笊篱和大碗之类会时时用到，收纳在水池下方的橱柜的最上层。把耐热碗、普通碗和笊篱按种类区分，放在一起，清清爽爽，很便利。

香辛料也放在操作台上方的吊柜里

胡椒粉等香辛料也和粉末状调味料一样，放在操作台上方吊柜的下层。这些香辛料的瓶子不大，种类又多，所以要集中放在一个篮子里。用的时候就不需要一个个地找，一次性就能全都拿出来。

液体调料也放在操作台上方的吊柜里

液体调料忌讳高温，因此与其收纳在下方橱柜中，不如放在操作台上方的吊柜里。这些调料最好也集中放在一个篮子里。总之，调味料集中放在一处，在烹饪的时候会带来很好的效率。

煎锅放在深32cm的抽屉里，纵向摆放

在橱柜下方的抽屉中设几个类似挡书板的立板，煎锅就能竖着收纳了。此处抽屉的深度为32cm，而煎锅直径为30cm，刚好能放下。把手朝外放，不管是放还是取，伸手可得。

收纳量杯等小物件，可以把抽屉分为两层

将深度为24cm的抽屉的一部分，通过叠放金属篮的方法分隔为上下层。上层放量杯或搅拌器等小物件，下层放便当用的小物件。如果抽屉足够深，用这种叠放金属篮的方法，取放时会很省心。

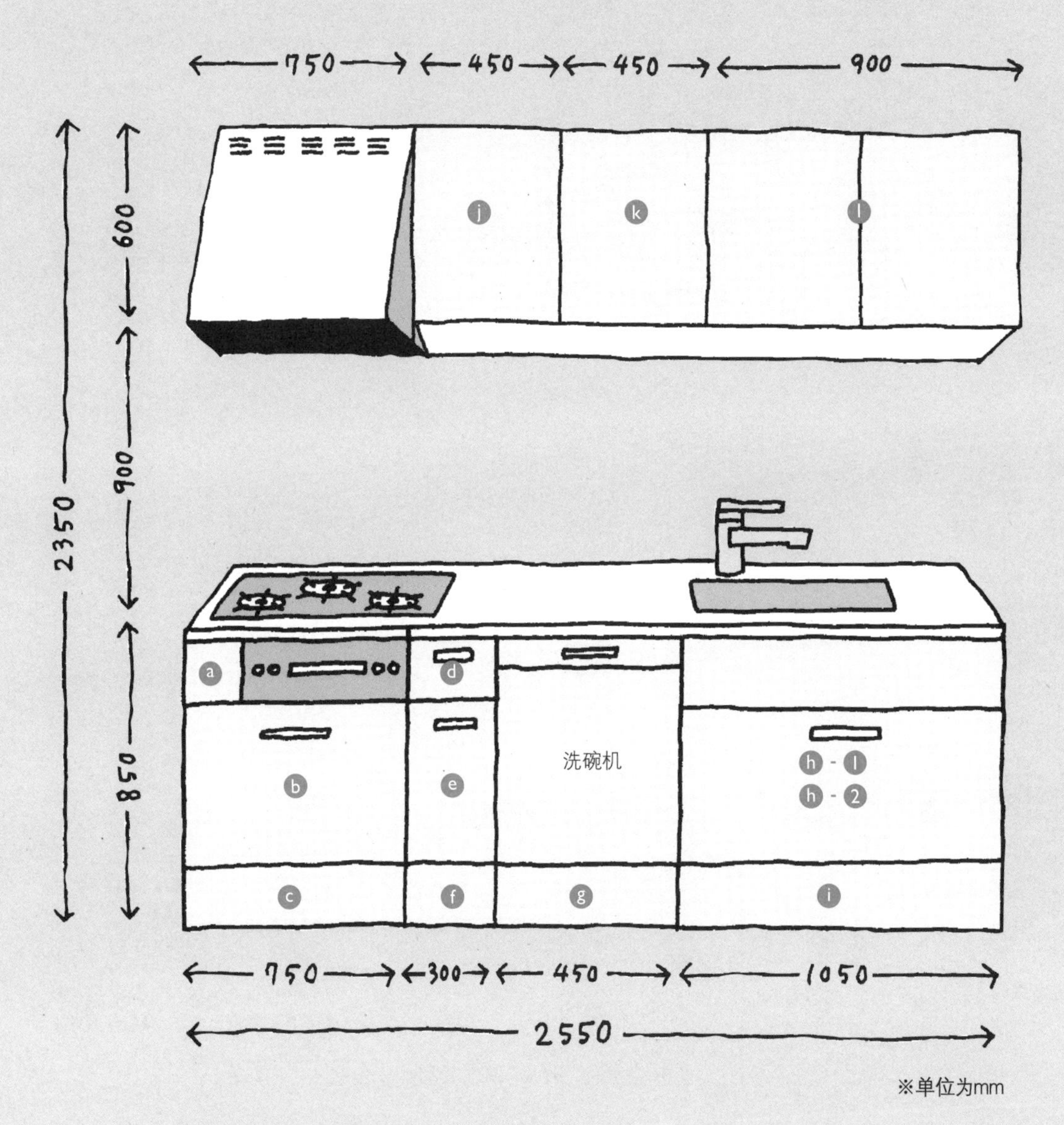

※单位为mm

带有洗碗机的、长255cm的
系统厨房中，可以收纳些什么？

这是第59页中介绍过的、非常常见的255cm规格的系统厨房。操作台的下方是预置型洗碗机。看上去没有太多的收纳空间，不过只要充分考虑物品的尺寸，还是能存放很多东西。

充分考虑尺寸和操作次序，收纳烹饪用具、餐具和调味料

厨房面积有限，摆不下专用的餐具柜，甚至烹饪器具都没法全部装下。你会不会这么想？其实，只要了解了物品的尺寸，根据尺寸进行收纳的话，255cm的系统厨房既能放烹饪器具，也能收纳餐具。

我们做了一个小实验。假定家里是4口人，使用的也都是些日常做饭用的东西，看看能不能收纳到这样的系统厨房里。实验结果令人欣喜：所有的东西都放进去了。

这些物品中最主要的就是烹饪器具和餐具，我们调查了市面上最常见的物品的尺寸，并记了下来。希望对各位读者朋友能有所帮助。

不用说，我们也考虑了厨房工作中的操作次序，据此确定物品的收纳位置，相信有不错的实用性。

觉得家里的收纳空间不足，这可能只是大家的错觉。了解物品的尺寸，就能有效地利用空间。

下列各图中，a～i中是俯视图，j～l是立面图。

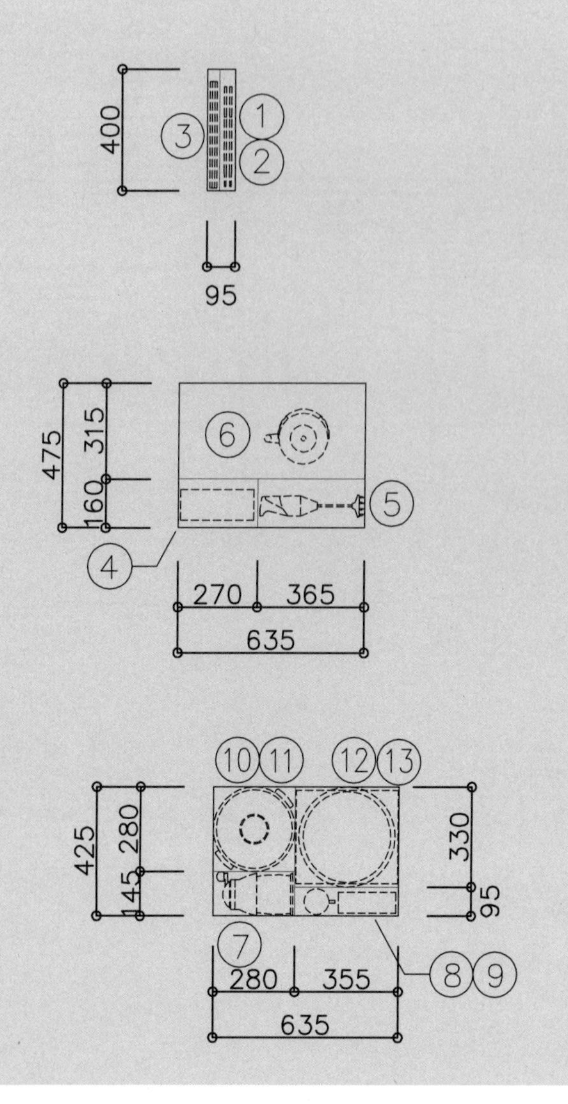

a

[深度为12.5cm]

烤架旁边的抽屉中放筷子类

1 烹饪用长筷3双；2 油炸用长筷1双；3 木铲3根

烹饪用的长筷或木铲，可以放在灶台的近旁。而调味料等容易受热变质，最好离得远一些。

b

[深度为30.5cm]

把上层的抽屉分隔为前后两部分

4 厨房用卷纸（ϕ10×25）1个；5 手动搅拌器（15.8×20.4×34.3）1台；6 小水壶（23×18.2×19.5）1台

从外侧向内16cm的地方进行分隔，内侧较宽的地方放水壶。其余的为自由空间。

c

[深度为20cm]

下层存放很少使用的物品

7 碎冰机（躺倒存放）（19×14.5×26）1个；8 玻璃水瓶（ϕ8.5×18）1个；9 便携式燃气罐（ϕ6.8×19.8）3个；10 寿喜烧用锅（ϕ27×9）1个；11 砂锅（ϕ28×15）1个；12 便携式燃气炉（33.7×30.2×9.3）1个；13 1L装寿司桶（ϕ33×9）1个

※正文中的长度单位均为cm，示意图中则为mm。
尺寸按照“宽度×进深×高度”的顺序来表示。ϕ为直径，*L*为长度。

d

[深度为13.5cm]

操作台下方的抽屉中存放烹饪用小物件

14 滤酱筛子1个；15 茶叶篦子1个；16 饭铲；17 圆汤勺（带孔）1个；18 圆汤勺（不带孔）1个；19 锅铲1个；20 橡胶铲1个；21（夹食品的）金属夹子2个

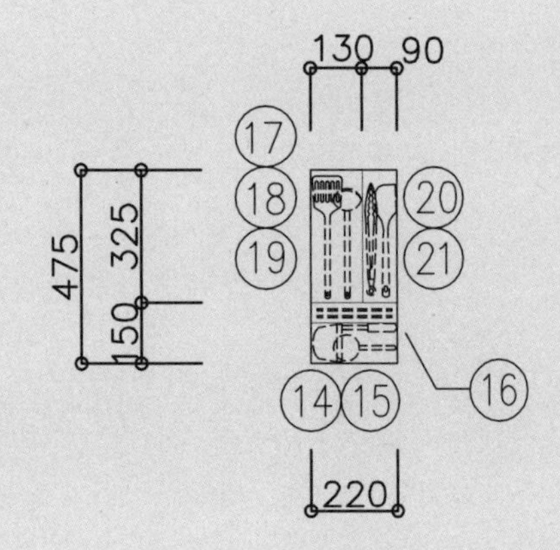

e

[深度为32cm]

在操作台下方的抽屉中层放煎锅

22油瓶（7.6×11×13.5）1个；23深煎锅（46×30×12）1个；24浅煎锅（46×27.6×8）1个；25小煎锅（37.5×21.5×7.5）1个；26大煎锅盖（ϕ31×4）1个；27小煎锅盖（ϕ22×3.6）1个

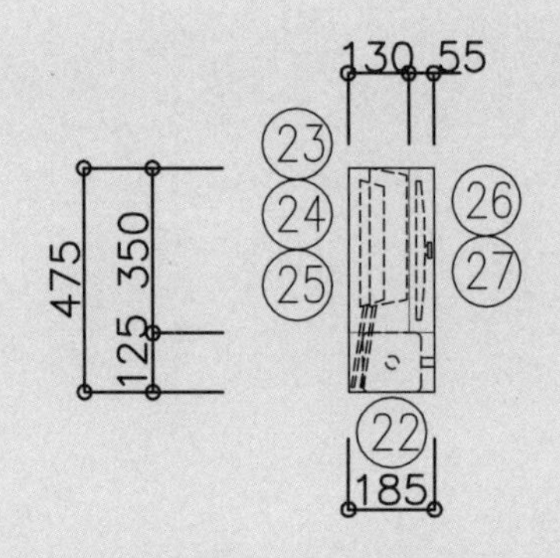

f

[深度为20cm]

储备用的抹布和毛巾放在下方

28 抹布；29 毛巾

要蹲下来才能取放的地方，用来收纳那些很少使用的物品。因此储备用的抹布和毛巾应放在这里。

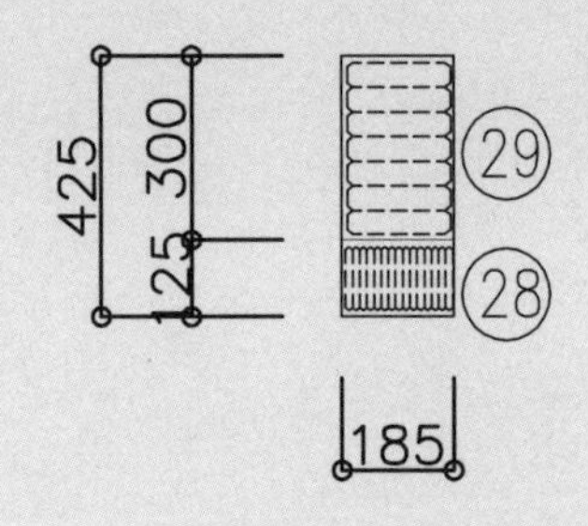

g

[深度为20cm]

洗碗机下方的抽屉中存放储备用品

30 垃圾袋（45L装）1袋（已打开使用）；31 洗碗烘干机用清洗剂；32 已开始使用的各种清洗用品（去污粉、漂白剂、除油剂等5瓶）；33 垃圾袋（45L装）1袋（未使用）；34洗碗用海绵、刷子类（储备用）；35 废食用油凝固剂、排水管清洗剂等；36 打扫用具一套

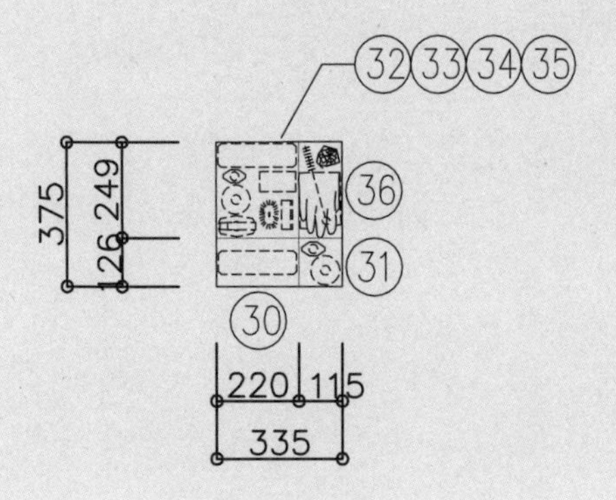

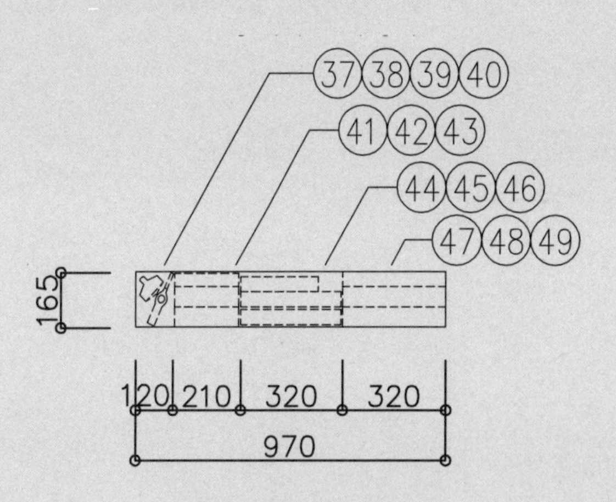

h-1

[深度为7cm]

水池下方的抽屉式托盘中，存放保鲜膜等物品

37拔鱼刺工具1个；38挤柠檬汁器1个；39萝卜末礤子1个；40多功能打火机1个；41小密封袋1盒；42冰箱用小密封袋1盒；43塑料袋1箱；44大保鲜膜1个；45小保鲜膜1个；46铝箔1盒；47大密封袋1盒；48冰箱用大密封袋1盒；49烹饪用垫纸

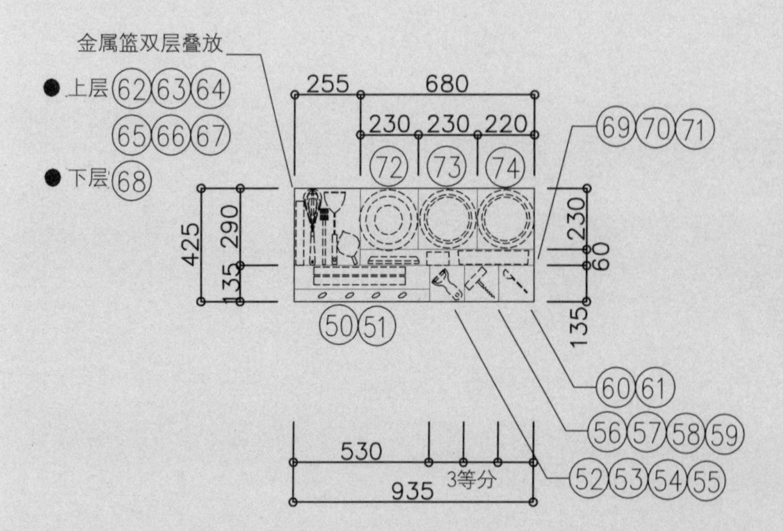

h-2

[深度为24cm]

水池下方的抽屉上层摆放盆和刀具

50 切菜板（36×24×3）2个；51 菜刀（普通菜刀L28，大菜刀L36.5，小菜刀L23，面包刀L34.5）各1把；52 削皮器1个；53 厨房用剪刀1把；54 开瓶器1个；55 芝士刀1把；56 酒瓶拔塞器1个；57 开罐器1个；58 红酒开瓶器1个；59 抽气器1个；60 计量勺1套；61 咖啡勺1个；62 打泡器1个；63 量杯（500ml）1个；64 打土豆泥器1个；65 松肉木槌1个；66 榨大蒜器1个；67 烹饪用卷帘1卷；68 便当用小物件；69 四方盘大中小（~29.5×~23×~4.5）3个；70切片器（9.5×18.7×3.9）1个；71 小锅盖（ϕ20）1个；72 耐热盆大中小（ϕ~23×~12）3个；73 盆大中小（ϕ~23×~11.4）3个；74 笊篱大中小（ϕ~22×~11）3个

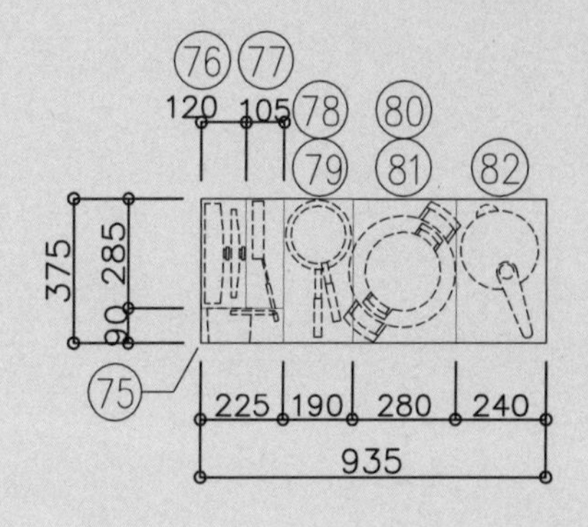

i

[深度为20cm]

水池下放的抽屉下层放置锅类

75奶锅（25×12×9）1个；76锅盖（ϕ26×6.5、ϕ22.8×3.6）各1个；77 鸡蛋饼锅（34×13.5×6.5）1个；78 中单柄锅（35.5×18.7×7）1个；79 小单柄锅（30.5×15×6）1个；80 大双柄锅（39.8×29×20）1个；81 小双柄锅（27×20.5×11.5）1个；82压力锅（23×36×20）1个

※正文中的长度单位均为cm，示意图中则为mm。
尺寸按照“宽度×进深×高度”的顺序来表示。ϕ为直径，L为长度。

j

[进深为35cm]

操作台上方的吊柜放调味品

83 香辛料瓶（ϕ6×11、ϕ4×9等）各1个；84 粉末调料；85 液体调料

调味料应集中放在操作台上方伸手可及的吊柜中。

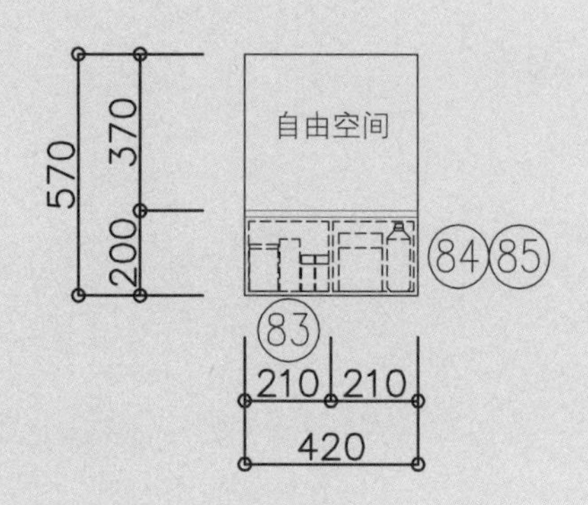

k

[进深为35cm]

有一个吊柜专门用来存放密封器具

86 小密封盒；87 大密封盒

密封盒子一定要和盖子一起存放。

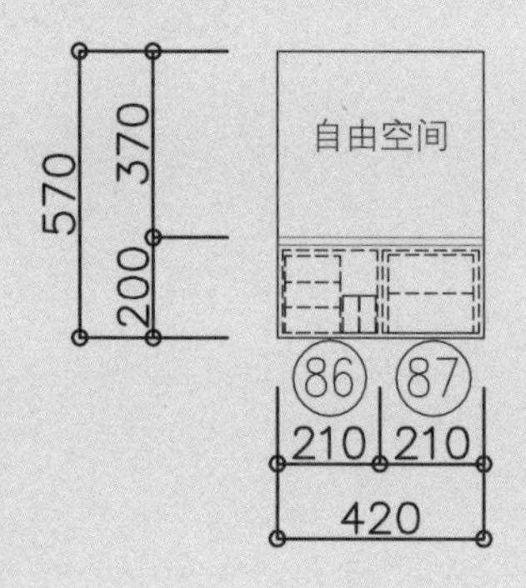

l

l[进深为35cm]

餐具类应根据用途，成套地放在不同的金属篮中

88 榨汁机1台；89 食品加工机1台；90 杂货储备（一次性筷子、吸管、纸巾、纸碟等）；91 密封盒（储备）；92～97 饭碗（ϕ12×6）4个，酱汤碗（ϕ11.5×6）4个，小碟子（ϕ9.5×1）4个，中碟子（ϕ15×1）4个，茶杯（ϕ7×8）4个，茶壶1个；98～103 面包碟（ϕ15×1.5）4个，肉食碟（ϕ19×1.5）4个，沙拉碗（ϕ14×5）4个，西式汤碟（ϕ12×6）4个，大马克杯（9.5×13×9.5）2个，小马克杯（8.5×11×7.5）2个；104～108 来客用茶杯（ϕ9×5.5）5个、茶碟（ϕ11×1）5个，日式点心碟（ϕ14×1）5个，夏天用茶杯（ϕ8×8）5个、夏天用茶碟（ϕ10×0.5）5个；109～111咖啡碟（ϕ15.5×1.5）6个，咖啡杯（7.5×10×6）6个，蛋糕碟（ϕ16×1）6个

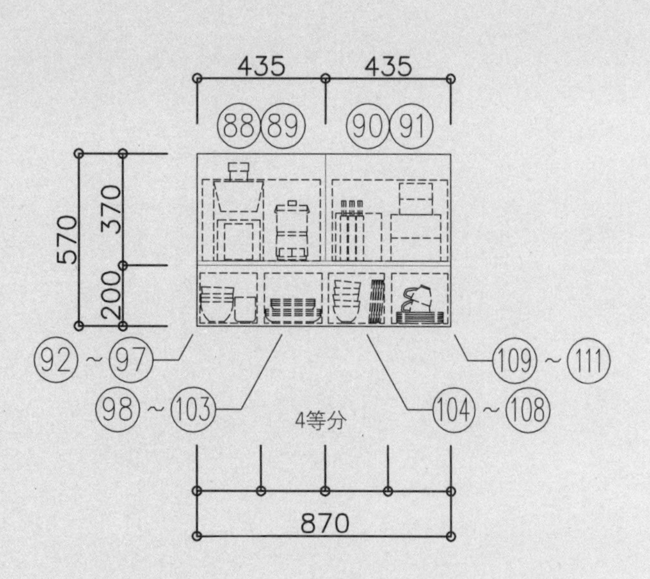

3

UTILITY

多功能空间

收纳打扫、清洗用工具。
有$3m^2$的空间就够了

所谓多功能空间，指的是放置进行打扫、洗涤、熨衣服等家务劳动所需的必要工具，并进行这些家务劳动的空间。

只要有$3m^2$左右的面积，就能打造具备必要功能的收纳、操作空间。

吸尘器、洗衣机，都可以放在这个空间里。多功能空间最好设在厨房旁边

洗涤工作，从“洗”到“折叠”，都可以在这里进行

吸尘器或多夹晾晒架，都是家务劳动中不可或缺的，但又往往找不到安身之所，你有没有这种经历？另外，在打扫房间的时候，从这个角落拿来吸尘器，从那个地方拿来水桶等，做一件事要从几个不同地方拿工具，真是很麻烦。

能把打扫和洗涤等家务劳动所需物品集中于一处，并在这里做家务，这个地方就叫作多功能空间。

最近，已经有开发商在建造独户住宅时，开始规划独立的多功能空间。多功能空间有各种各样的功能，而在本书中，把能放置打扫、洗涤、熨衣服等家务劳动所需的工具，并能进行洗衣服时从“洗”，到“晾晒”和“折叠”的一系列工作的房间，叫作“多功能空间”。

打扫房间时需要的物品，除了吸尘器，还有水桶、抹布、清洁剂等。还需要洗拖把池，水桶里的脏水倒在这里，运动鞋也可以在这里洗。

洗涤、熨烫时需要的物品，除了洗衣机，还有熨斗和熨衣板、洗衣剂和大盆等。只要有3m²左右，就能打造一个存放物品、开展劳动的空间。

最好把多功能空间设在厨房旁边，就可以一边做饭，一边洗衣服，家务动线清晰高效。

[进深40cm的搁架]

重量轻、体积大的物品，放在搁架的最高处

在搁架的最上方，用来放置洗衣盆。容积12L的洗衣盆（直径39cm×高19cm），还有大一些的婴儿浴盆，只要有40cm的进深，都能放得下。这里就不需要门了，开放式的更方便

进深40cm×宽40cm的空间，基本上都能收纳

吸尘器除了主机之外，还有吸管。这些东西应该集中存放，想用的时候立刻就能用。柜子的空间保证40cm×宽40cm×高130cm的话，常见的吸尘器都能收纳。在柜子上方设几个隔板，还能放打扫用品

UTILITY

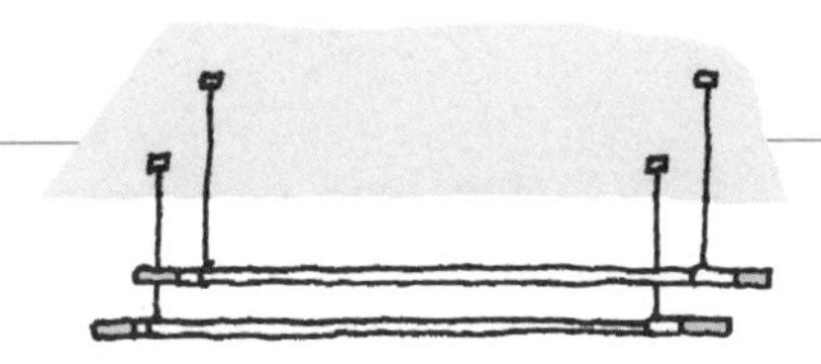

[室内晾衣杆]

中央空出来的部分，
用来晾衣服

晾衣服的时候，衣服所占空间为50cm左右。因此多功能空间即使只有$3m^2$，也足够在顶棚上吊一根晾衣杆，同时还能做其他的准备工作

[多夹晾晒架]

在洗衣机的上面，
存放晾晒工具

多夹晾晒架有很多种类，不过再大的也能在折叠后控制在40cm以内，可以放在搁架上。最好做一些分隔板，每个晾晒架都单独存放，取的时候就不会互相缠绕在一起了

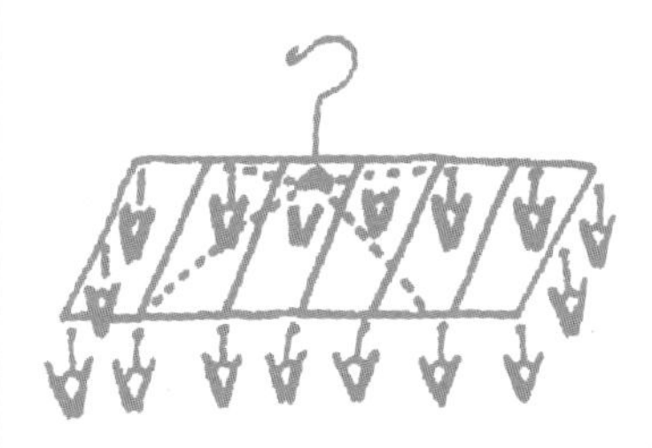

[洗拖把池]

选用进深40cm的
紧凑型水池

多功能空间虽小，但水池是必不可少的。洗洗涮涮，清洗拖把等打扫用具都需要。选用进深40cm的洗拖把池，就能和搁架进深保持一致，美观又高效

[洗衣机与底座]

最大可以选80cm×70cm的规格

多功能空间中最大的物件就是洗衣机，因此规划时首先应考虑洗衣机的位置。洗衣机底座多为74cm×64cm。滚筒式的大型洗衣机，尺寸是80cm×70cm，只要有了这个面积，洗衣机的放置位置就不用担心了

熨衣服的工具，
也都放在多功能空间里

在多功能空间把干衣服收好，并在这里进行折叠，能很大地提高劳动效率。如果没有确定在哪里熨衣服，那么熨斗等工具也最好先放在这里。

“在哪里使用，就在哪里存放”的原则，在多功能空间也适用

把物品分为4类，进行收纳

多功能空间中收纳的物品，主要是洗涤方面的、打扫方面的、熨烫方面的和储备品四大类。虽然面积不过3m²，不过在这里也同样适用“在哪里使用，就在哪里存放”的原则。

放在洗衣机近旁的，是洗衣粉、衣架等洗衣服用的物品。吸尘器附近的则放简易纸制拖把及其备用纸。水桶和擦拭用的抹布，也要放在附近。

放在熨斗附近的，则是喷雾器和上浆用具等熨衣工具。另外还要准备针线包，因为能注意到扣子掉了、衣服有破洞的，往往是叠衣服、熨衣服的时候。

除此之外，洗衣服、纸巾、厕纸的储备，也最好放在多功能空间。让储备品集中在一处进行管理，哪些东西要补充了，就可以一目了然。

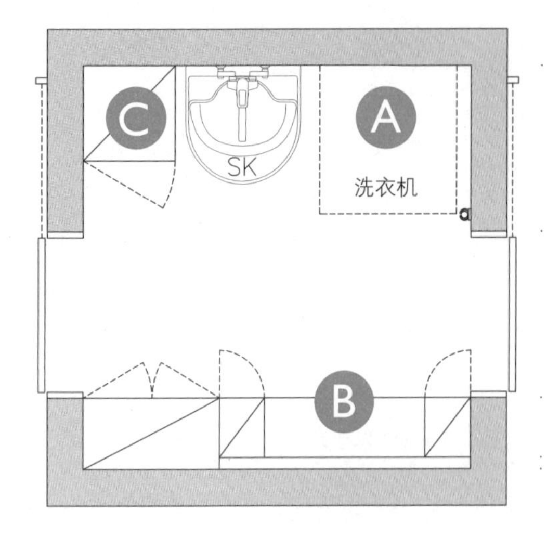

A 洗衣机的上面，放洗衣服用品

洗衣机的上面，收纳洗衣服时的用品。这样一来，洗衣时需要的东西，伸手就能拿到，不用挪动身体。除了洗衣粉洗衣液，衣架等晾晒用具也放在这里。

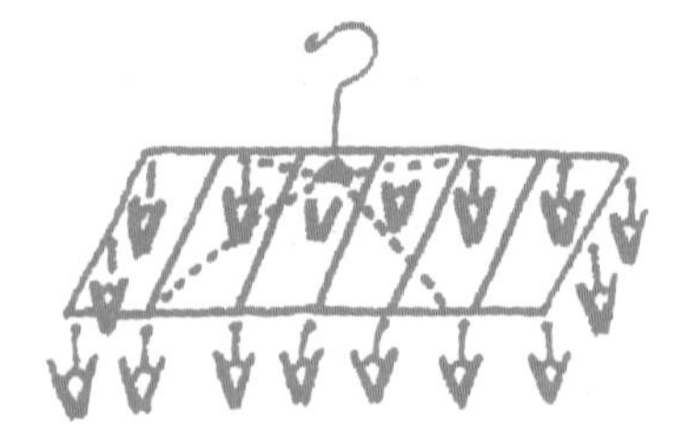

多夹晾晒架放在洗衣机上方的搁架上

大部分的晾晒架都能放进40cm的搁架上，要在洗衣机上方的搁架上做一些分隔板，每个晾晒架都单独存放。几个晾晒架放在一起，夹子会互相缠绕，取的时候很费事，如果单独存放，就不会出现这样的麻烦了。

衣架挂在搁架上的杆子上

洗衣机上的搁架会有好几层，最下面的一层如果也是40cm，可能会碰到头，把这一层改为25cm的。在这一层的前面设一根杆子，衣架就挂在上面。这种收纳方式，当然比随便摆放要容易取出吧？

洗衣粉类放在离洗衣机最近的搁架上

洗衣粉之类的，放在离洗衣机上方最低的搁架上，拿起来方便。洗衣液的瓶子多为W16cm×D7cm×H24cm，洗衣服盒子则为W15cm×D9.5cm×H13cm，可以多储备一份，与正在使用的一里一外，排成一列。

B

洗衣机的对面，放熨衣用具

放洗衣机的地方的对面，存放熨衣用具及其备用品。收纳空间的进深为30cm。把高度为70cm的盖板延伸出来，作为熨烫、折叠衣服的场所。

熨衣服的用具，都放在熨衣台的下方

熨斗和熨衣服时用的工具，都集中存放在熨衣台的下方。针线盒也放在这里。所有熨衣服的物品，都集中在一处，找起来很方便。

厕纸放在进深30cm的搁架上

厕纸的储备品原则上应该放在厕所，以便随时补充。如果实在放不下，那就放在多功能空间。12卷包装的产品，规格是W21cm×D21cm×H33.5cm，正好放进30cm的搁架上。

储备用的物品，可以放在难以够着的地方

5盒包装的纸巾，规格是W24cm×D11.5cm×H30cm。平摆着放，可以放进30cm的搁架。比较轻的储备用品，可以存放在高度超过180cm、手难以够得着的地方。

吸尘器放在出入口附近。打扫用具也应如此放置

为了让吸尘器拿取方便，应该放在收纳搁架下方地面的位置。水桶、抹布等物也是打扫时的必要用品，应该和吸尘器集中放在一起。管理、使用都轻轻松松。

多功能空间的收纳搁架进深，应该由吸尘器的尺寸来决定

多功能空间的搁架进深，要根据吸尘器的进深来确定。大部分吸尘器的进深都不到40cm，可以采用40cm的搁架，但也有一些吸尘器需要45cm，因此收纳吸尘器的搁架进深做到45cm，其上方的搁架再缩小到40cm就可以了。

打扫用品放在吸尘器的附近

水桶放在吸尘器上方的搁架上。吸尘器和打扫用具放在出入口附近，打扫前就不必专门进来取工具，在门口就能拿到了。洗拖把池设在吸尘器的旁边，抹布类存放在这里，清洗、收拾都更简单。

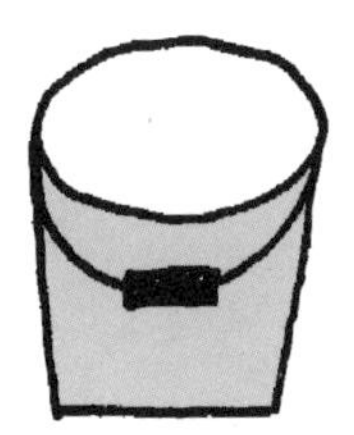

抹布、旧毛巾放在吸尘器上方的搁架上

抹布和旧毛巾的储备品，放在吸尘器上方的搁架上。旧毛巾是可以当抹布的，也放在这里。即使毛巾破了，也不必缝补，擦起桌子来反而更顺手。

如果在多功能空间以外熨衣服

对于熨衣服，你可能希望跟家人在一起，一边看电视一边工作，也可能想在入夜之后，在卧室里慢慢地熨，总之各人有各人的偏好。那么在自己平常熨衣服的地方，也要设置收纳，存放相关用具。在收纳的时候，要注意把所有与熨衣服相关的工具都放在一起，不要分散放置。

近藤典子 Eyes ——[3m²的多功能空间]

只要有了3m²的面积，就足够打造一个功能完善的多功能空间！

把家务劳动所需工具集中存放于一处，同时能进行从“洗衣”到“折叠”的全套工作。近藤典子心中的3m²多功能空间，到底是什么样的呢？

平面图

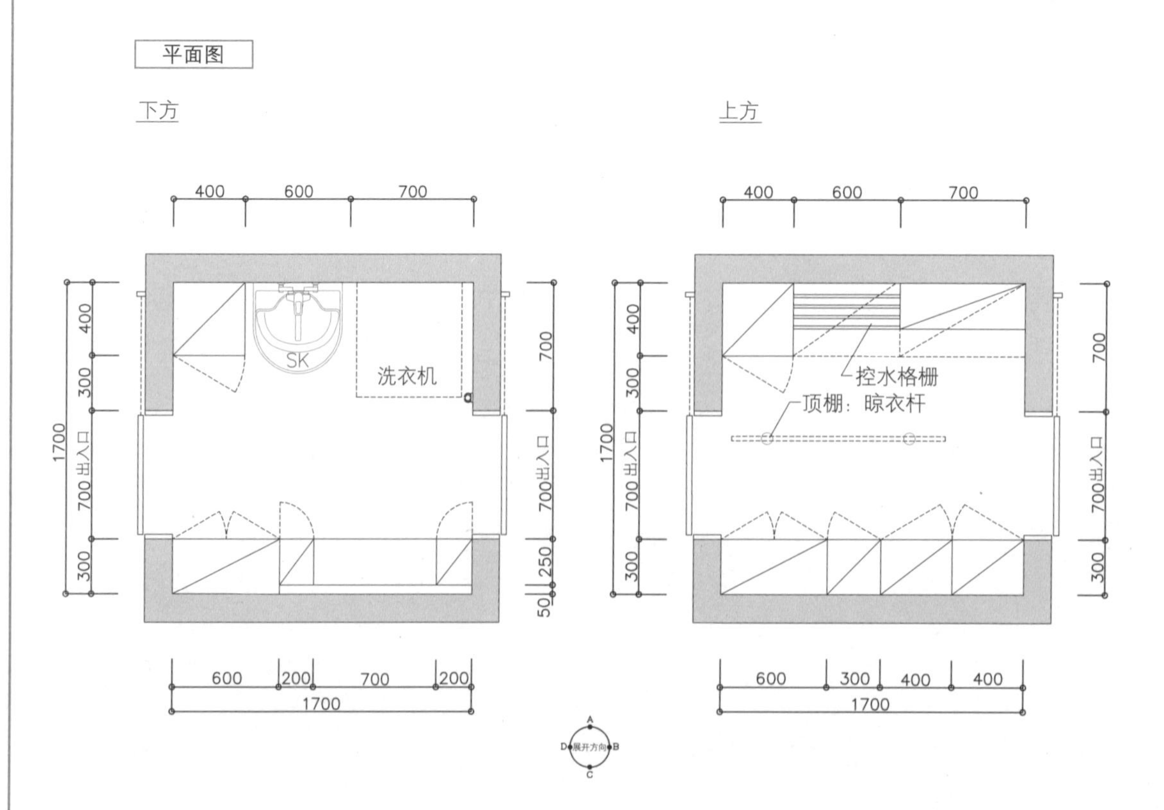

设两处出入口，保持动线顺畅

一边做饭，一边洗衣服，或是一边洗衣服，一边打扫房间……。要有效地使用时间，最好的就是这种“一边干这个，一边做那个”。而要做到这一点，就必须考虑动线问题。如果能横穿多功能空间，家务劳动的动线效率就会有很大的提高。

因此最好在多功能空间留出两个门，能够使用的墙也会因此变为两面。

其中一面墙可作为打扫用具的收纳空间，还可以在这里洗衣服。另一面墙则是进行熨衣服和收纳储备品的空间。两面墙各有自己的功能区分，遵循“在哪里使用，就在哪里存放”的原则。

两个收纳空间之间，还有约70cm的空余部分，正好用来当作晾晒空间。当然如果多功能空间再大一些的话，则可把熨烫部分放在洗衣机的旁边，让晾晒空间更宽敞一些。

展开图

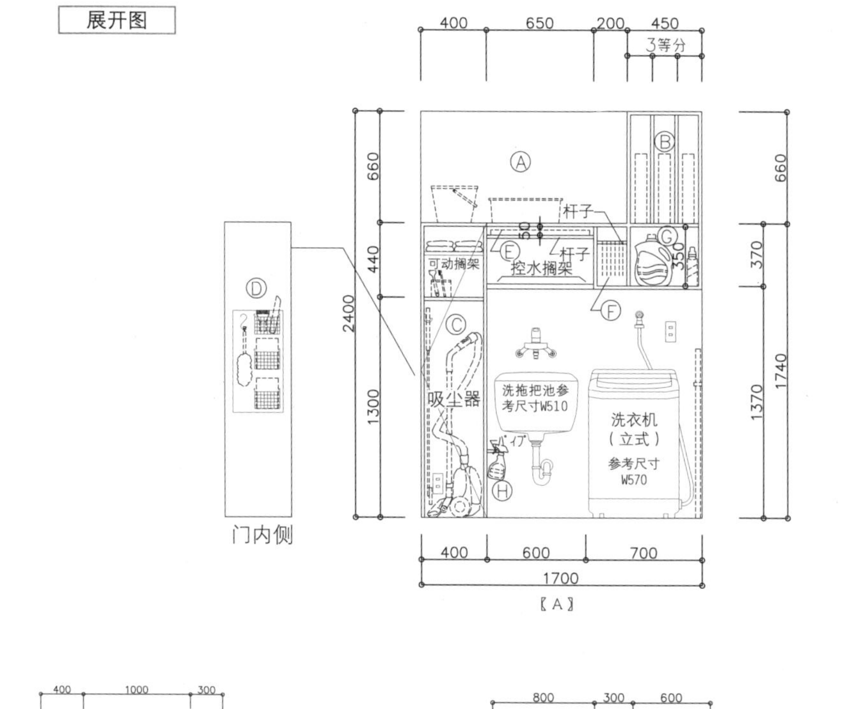

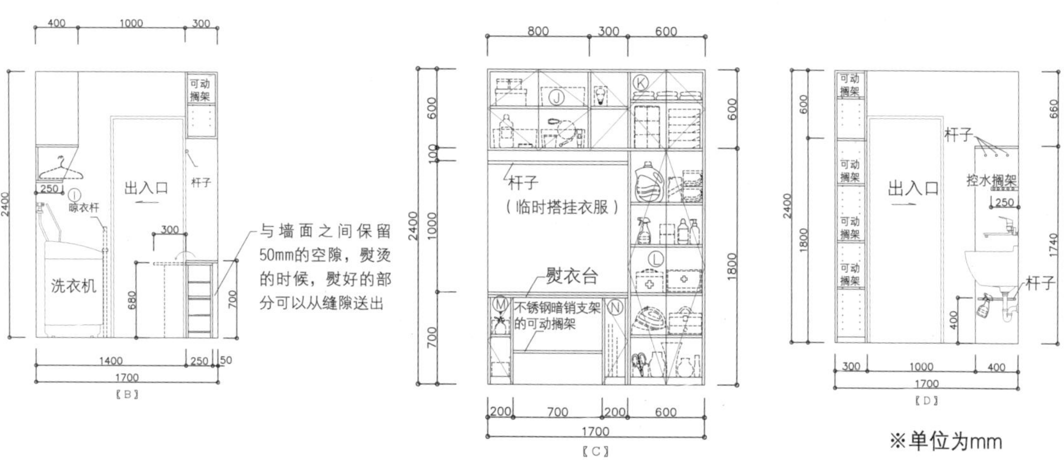

※单位为mm

[A面]

Ⓐ桶、盆/Ⓑ多夹晾晒架

Ⓒ抹布、旧毛巾储备，打扫用品、吸尘器、简易纸拖布

Ⓓ打扫用品/Ⓔ熨衣台/Ⓕ衣架/Ⓖ洗洁剂

Ⓗ打扫用品

[B面]

Ⓘ晾衣杆

[C面]

Ⓙ空箱、空瓶，五金工具，电灯泡（储备用）/Ⓚ毛巾（储备用）、纸巾（储备用）、厕纸（储备用）

Ⓛ洗衣粉、洗发液（储备用），药箱，急救箱，熨斗，针线包，花瓶、剪枝剪等

Ⓜ喷雾器、熨烫用品/Ⓝ纸袋（储备用）

近藤典子 Eyes ——[浴室旁边的多功能空间]

即使找不到3m²的空间，也可以把盥洗室变成多功能空间

平面图

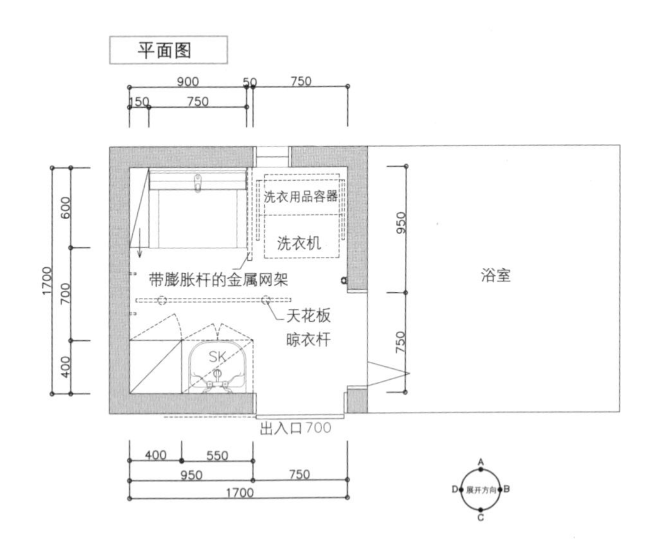

[3m²的盥洗室兼多功能空间]

盥洗室＋洗拖把池

3m²的方寸之内，将盥洗室与多功能空间合为一体。盥洗台和洗衣机的对面，设一个洗拖把池和吸尘器放置点。利用洗衣机上方的空间，设一个容器，把洗衣粉和洗衣篮放在里面。

盥洗台与洗衣机之间放一个带膨胀杆的金属网架，放吹风机、梳子、剃须刀之类的物品，盥洗台就不再会散乱了。

展开图

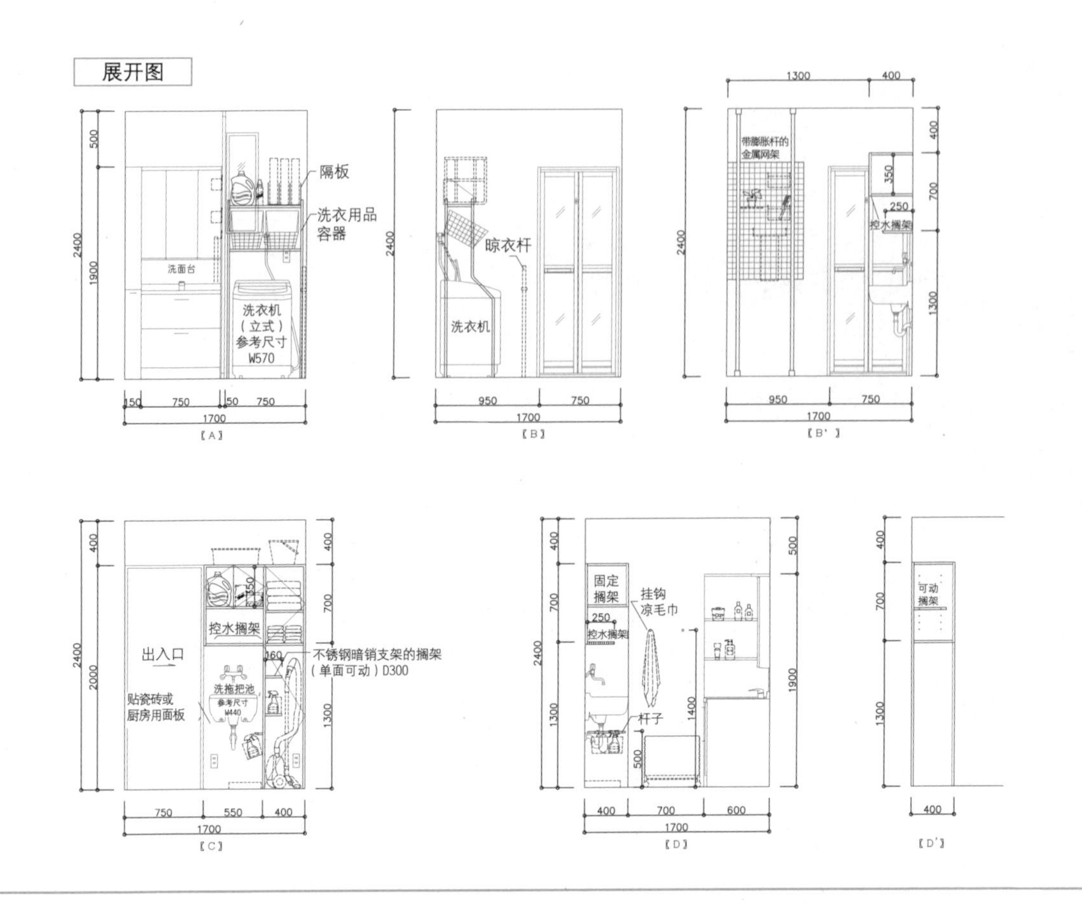

也有些家庭虽然需要多功能空间，但是房子太小，实在腾不出$3m^2$的空间。怎么办呢？
别担心，有办法。只要有同样大小的盥洗室，就可以与多功能空间兼用。其实原本就有不少家庭的盥洗室预留了放洗衣机的空间，所以只要稍稍动手，就能在自己家里拥有盥洗室兼多功能空间了。

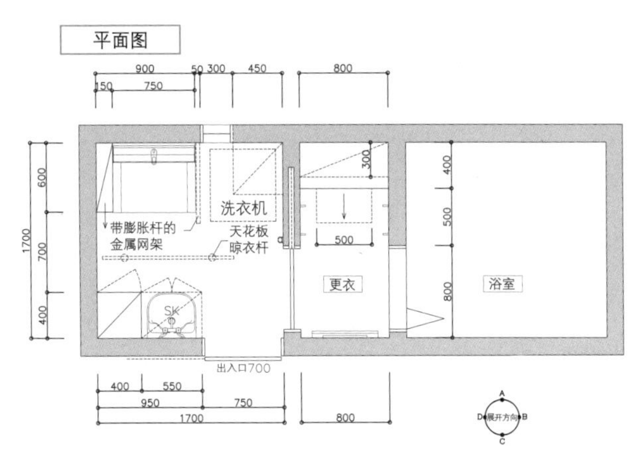

[更衣空间改到其他地方]

在原有的盥洗室内，加上洗拖把池和放吸尘器的空间

可以把更衣的地点改为别处。与上一页的做法基本相同，只是毛巾的储备及洗衣篮放在更衣空间，所以洗拖把池旁边留有放置吸尘器和打扫用品的余地，多功能空间的功能更加充实。

只是熨衣服的工具就放不下了，所以要改到平常熨衣位置的附近存放。

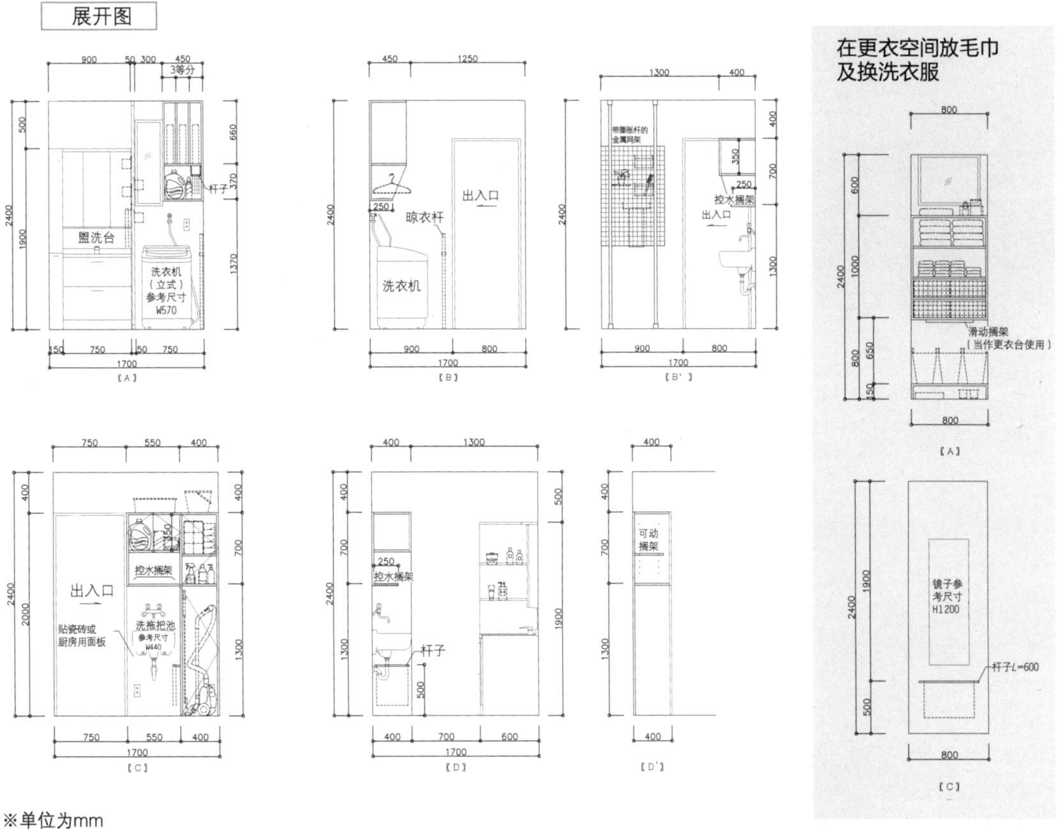

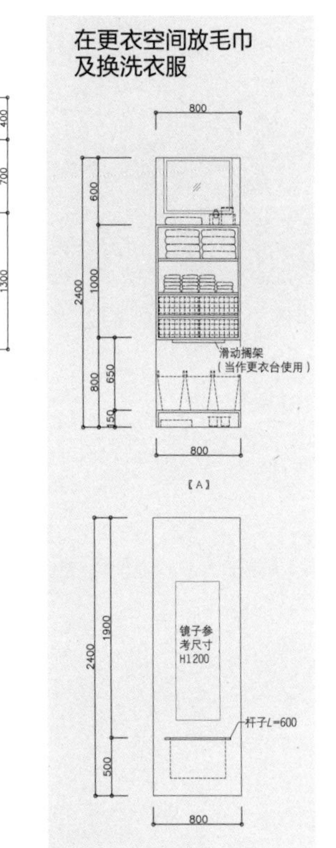

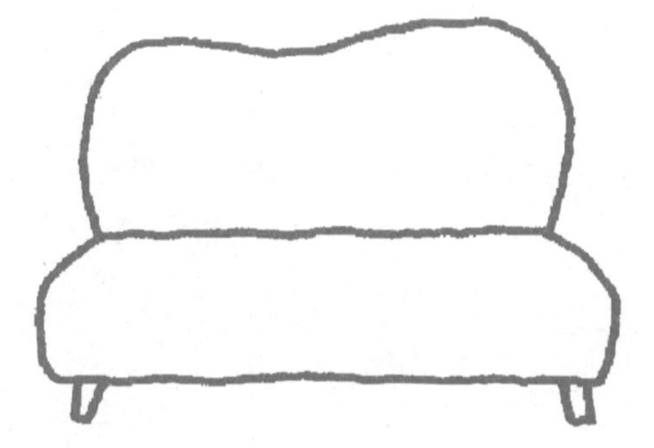

how to make **comfortable space**

4

LIVING ROOM

客厅

收纳五花八门的物品，打造宽松舒适的空间

客厅是一家人放松休息的地方。正因为如此，每个人都会从自己房间里拿出各种各样的东西来放在这里，一不注意就会让客厅变得乱糟糟。要想在客厅中享受轻松和清爽，就必须认真对待这些物品。

［坐］

了解各种动作所需空间，确定家具，然后确定布局

要想有一个宽松的居住环境，就必须知道在客厅的各种日常活动所需要的具体空间是多大。如果不考虑这些因素就贸然买了家具，就有可能在日后的生活中进退失据。只有充分考虑了各种动作所需要的空间，才有可能打造一个宽松的客厅环境。

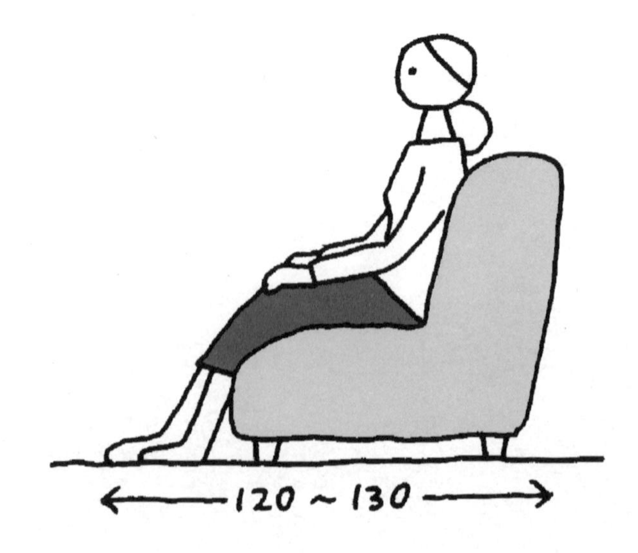

考虑沙发的大小和动作空间

在考虑客厅空间的时候，首先要想想自己在客厅打算如何放松？是打算坐在沙发上看电视，还是想躺在地板上发呆呢？需求不同，需要的家具也不同，不用说为此留出的空间也自然不同。

如果在客厅里放沙发，除了要考虑沙发的大小，还要设想坐在沙发上的时候，周围的空间情况。因为你不会总是正襟危坐，有时候会把两条腿伸出来，有时候又会半躺在沙发上，必须考虑自己的这些动作会占用多少空间。如果两腿伸开，那么如上图所示，需要120～130cm的空间。

要不要在客厅里放沙发？如果放，又需要多大的空间？请认真考虑这个问题，对客厅布局进行规划。

Sitting

沙发和茶几之间，要空出大约30cm

沙发和茶几之间的间距，既不能太近，脚都插不进来，也不能太远，拿茶具的时候很费事。因此两者之间要保持一定的距离，一般来说30～40cm比较好。这个距离会让人比较舒服，三个人坐在长沙发上，中间的人要出去，也不会太麻烦。

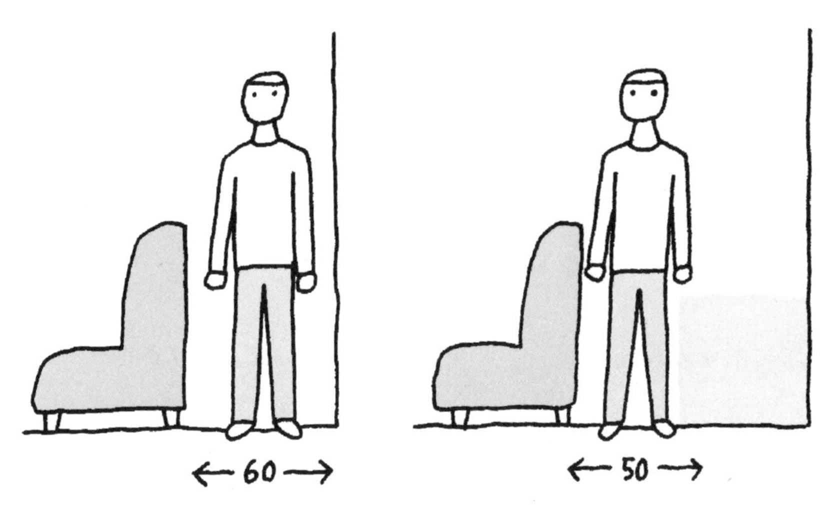

在沙发背后留出50cm的空间，人就能通过了

前面说过，人向前走时所需宽幅为60cm。不过如果一侧不是墙，而是较低的家具时，胳膊所占的空间就不用考虑了，因此有50cm的话，人就能顺利通过。

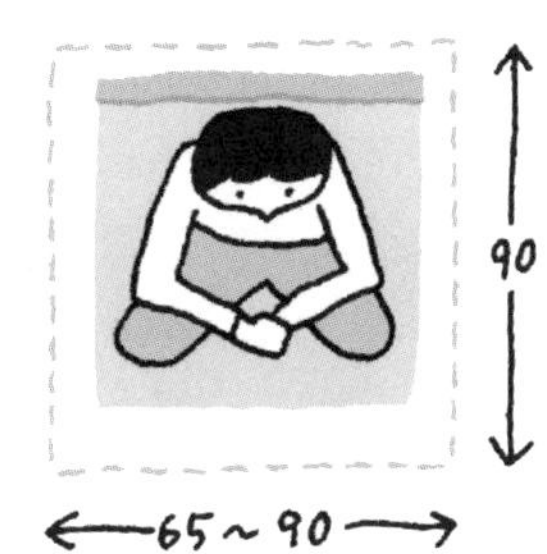

坐在地板上时，需要的空间是65～90cm×90cm

盘腿坐在地毯或榻榻米上，所需宽幅为65～90cm，所需进深为90cm。如果客厅没有沙发，而是盘腿坐着的话，一个人所需的空间就是这么大。如果要躺在地上，或是伸出两腿，所需空间当然也会进一步增加。

Layout

[布局]

沙发的摆法不同，空间就会发生变化。家人在客厅的生活格局也会有所不同

在客厅里摆沙发，可以是双人沙发、三人沙发，或是三人沙发再加一把单人沙发。总之各种组合方式都有。不同的组合方式，会在多大程度上影响空间结构，都需要考虑。因为这些因素，家人的生活格局都会发生变化。

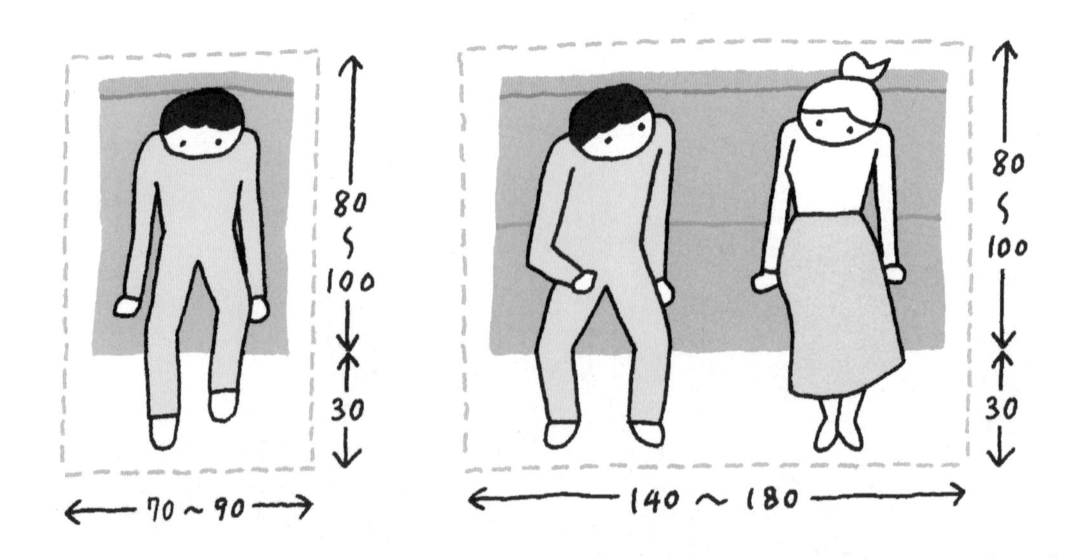

摆沙发的方式，有4种类型

思考客厅的必要空间时，可以按照以下的顺序来计算：所需座位的空间（除了家人外，还要考虑来客人数）→自己喜欢的摆放方式→沙发周围的通行空间。

一个人的座位空间，会因沙发的形状而不同，不过一般来说，宽度为70～90cm。双人沙发的话，则是140～180cm。进深则多为80～100cm。

沙发的摆放方式，通常有“单排型”、“L型”、“对面型”和“区字型”。如果选择L型或区字型，又在角落摆放小桌的话，宽度就会进一步增大。

具体选择哪种摆放方式，当然要根据自己的喜好。如果不太看电视，而是喜欢跟家人聊天的话，对面型或区字型也许更好。总之，希望在客厅怎么生活，就要根据生活方式来确定沙发的摆放方式。

你喜欢哪种摆放方式？
先看看客厅有多大，然后再决定吧

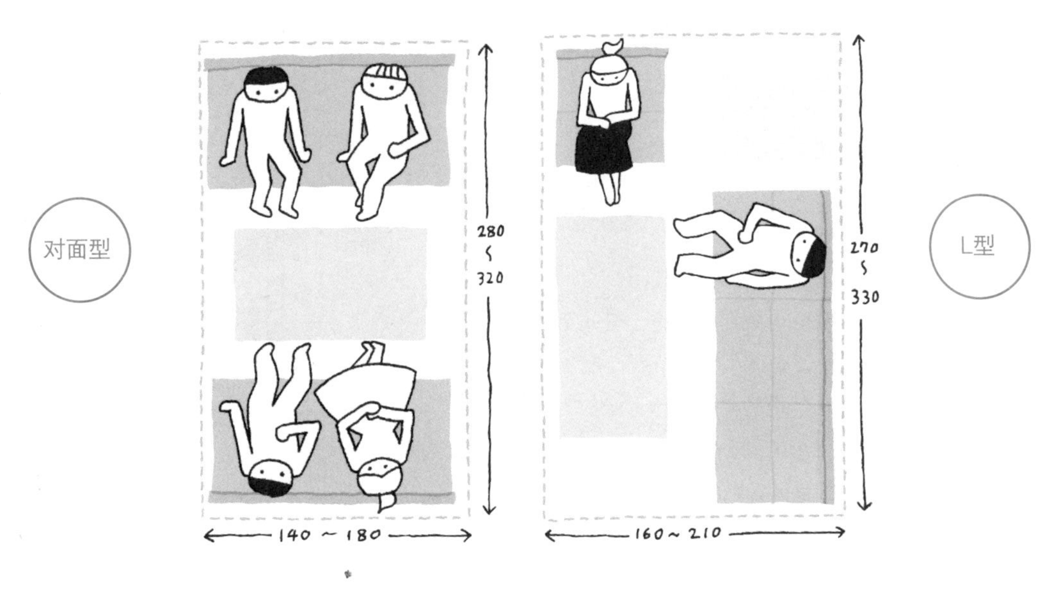

选择L型沙发，客厅需要$9m^2$以上的面积

图中是各种摆放方式所需要的面积。除了沙发，还要留出电视的位置。三人沙发加上一个单人沙发的L型摆放方式，仅沙发和茶几就要占去$9m^2$的面积。加上电视，需要$12\sim15m^2$。如果还打算留出通行空间，自然房间就要更大才行（客厅茶几的规格为W120cm×D60cm，角落的小桌为W60cm×D60cm左右）。

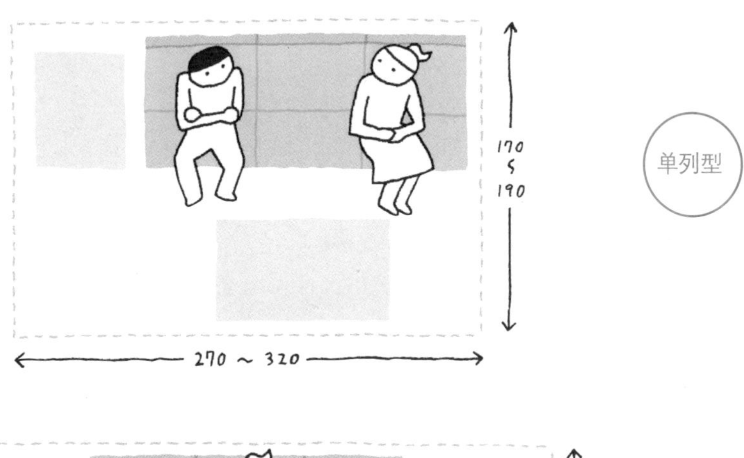

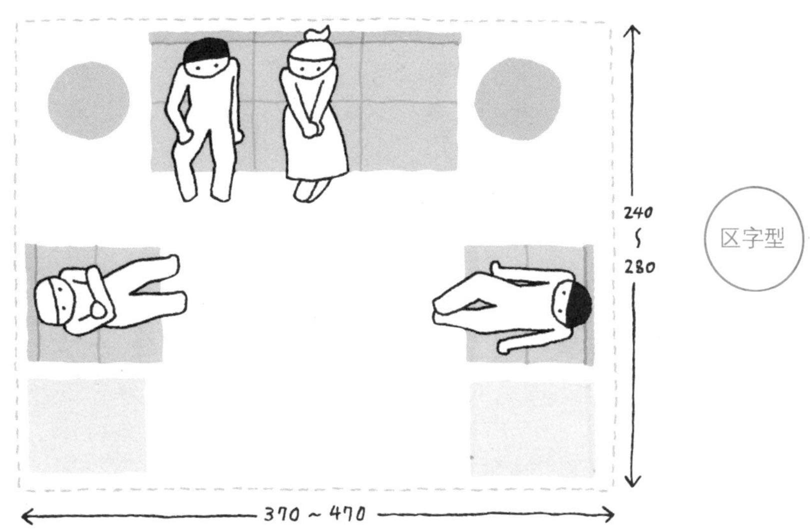

近藤典子 Eyes ——[客厅的壁橱]

先让客厅变小，然后你会发现用起来很宽敞

五花八门的物品，要集中收纳！

家中最容易变得散乱的地方，就是客厅。之所以如此，是因为每个人都会到客厅放松休息，也会把各种东西带进来。有人会看书，有人会上网，有人打游戏，此外还有各种报纸信件、从学校里带回来的学习资料……。各种东西堆得到处都是，颜色和形状都各不相同。

这些零碎的物品之外，还有家里用的除湿器、加湿器、风扇等季节性用品。另外来了客人，他们的包等随身携带的东西，也需要收纳。

客厅的面积是固定的，如果在客厅里设一个壁橱，客厅本身当然会变得狭窄，不过希望大家记住："先让客厅变小，然后你会发现用起来很宽敞"。把电视柜稍微向外挪一下，在原有位置打造一个小壁橱，或是在客厅一角设一个收纳空间，方法灵活多样。

下面这些物品是客厅中最常见的。如果还有其他东西要收纳，那就做一个表，根据物品的尺寸来设置收纳空间。如果要收纳下面这些东西，那么进深30～40cm的搁架就足够了。

杂物变少了，客厅变得清清爽爽不说，你会发现在不知不觉中，客厅变得更宽敞了。

笔记本电脑（15.4英寸）

W35.5cm×D25.5cm×H3.1cm
上网用的路由器等设备有好几个，还有网线、电源线等，乱七八糟得很难看。

光盘

DVD、CD
DVD（W13.6cm×D19cm×H1.5cm）、CD（W14.2cm×D12.5cm×H0.6cm）
进深30cm的搁架，可以放两排

电扇

规格大小有很多种。客厅使用的电扇要么放在客厅，要么放在客厅近处。收纳的进深，要根据最大号的电扇的尺寸来确定。

客厅壁橱的搁架进深，可以选择30cm、40cm两种。
各种电子设备的线，以及上网设备，都可以放在这里！

打印机

W45cm×D38cm×H19.5cm（可以打印A4纸）
要打印大家的照片，因此应放在家人集中的客厅。

电话&子机

如果想让客厅具备些办公功能，那就把电话或子机放在这里。可以考虑母机在卧室，子机放在客厅。

手机

在客厅壁橱中设置充电装置。当然不是一定要设在壁橱之中，只是确定了一个固定的存放位置，找起来就容易了。

书和杂志

只要不是特别大的书或杂志，一般都可以放在进深30cm的搁架上。如果是文库本（W10.5cm×H14.8cm）的话，还能放两排。

影集

W2.4cm×D25cm×H30.3cm
影集最好放在客厅，一家人都可以看。如果是大号的，则需要40cm的搁架。

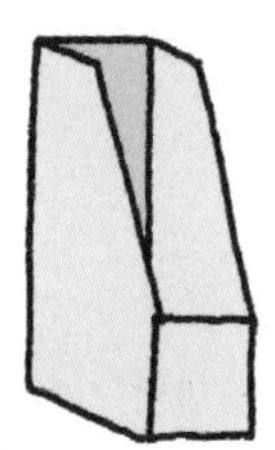

文件盒

按不同内容存放进文件夹中，然后插进文件盒中。文件盒（W10cm×D25cm×H31cm）可以放在30cm的搁架上。

除湿器、加湿器

大小不等。和风扇一样，客厅用的，则放在客厅或靠近客厅的地方，取用的时候不会麻烦。

便携式吸尘器

W28.9cm×D26cm×H30cm
为了随时充电，客厅壁橱里应设有电源插座。

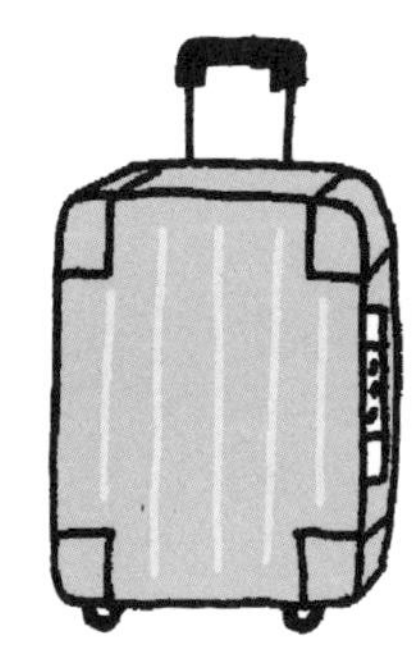

旅行箱

收拾行李最好的地方是卧室的衣帽间，不过要是条件有限，那么放在客厅也不错。

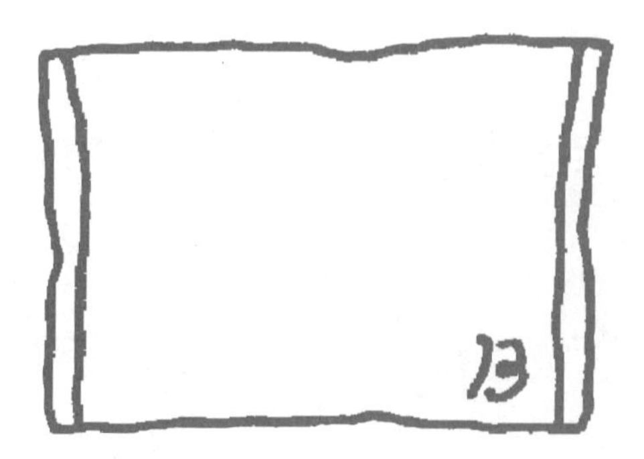
13

how to make **comfortable space**

5

BEDROOM

卧室

做好床的选择和摆放，会让空间变得更便利

“卧”室，自然是躺下睡觉的地方。虽然在卧室里也可以工作、看看电视，具有睡觉以外的功能，让我们身在卧室里也能过得很充实，但卧室的中心，归根结底还是床。床该如何摆放，是卧室空间规划中的最大要点。

Size of Bed

[床的尺寸]

夫妻二人的床，按种类分有5种。
请根据卧室面积来加以选择

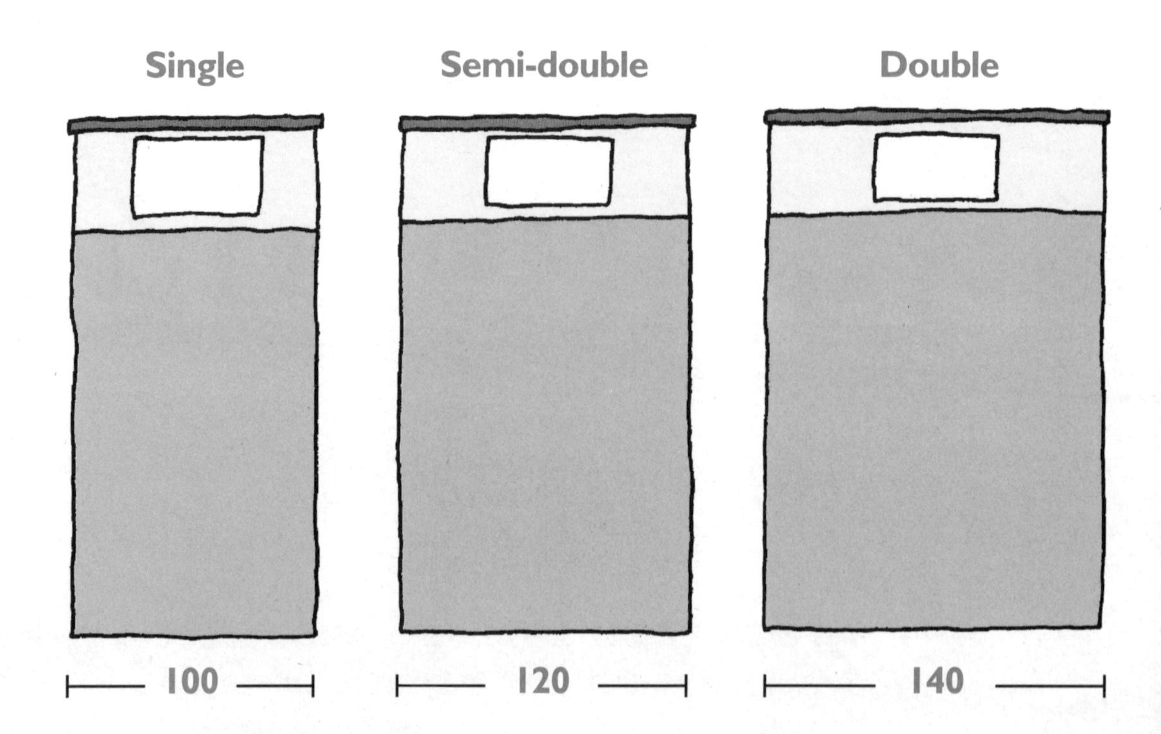

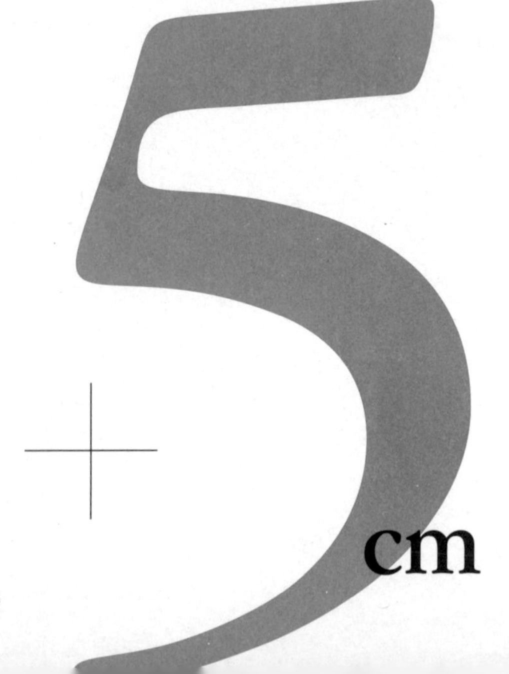

考虑床的长度时，
要注意在本身长度上再加5cm

做完了一天的工作，总算能松口气了。在休息之前，夫妻二人共同相处的这段时光，就发生在卧室。卧室能睡觉就足够了？还是希望它有其他功能？请先明确这一点。

如果两个人想看看影碟，当然需要放一台电视，如果想好好聊聊，也许需要桌

夫妻二人的床，分为Single（单人床）、Semi-double（小双人床）、Double（双人床）、Queen（大双人床）、King（超大双人床）5种。选择不同的规格，卧室空间也会发生变化。希望大家好好想想，到底哪种床最适合你现在的卧室。

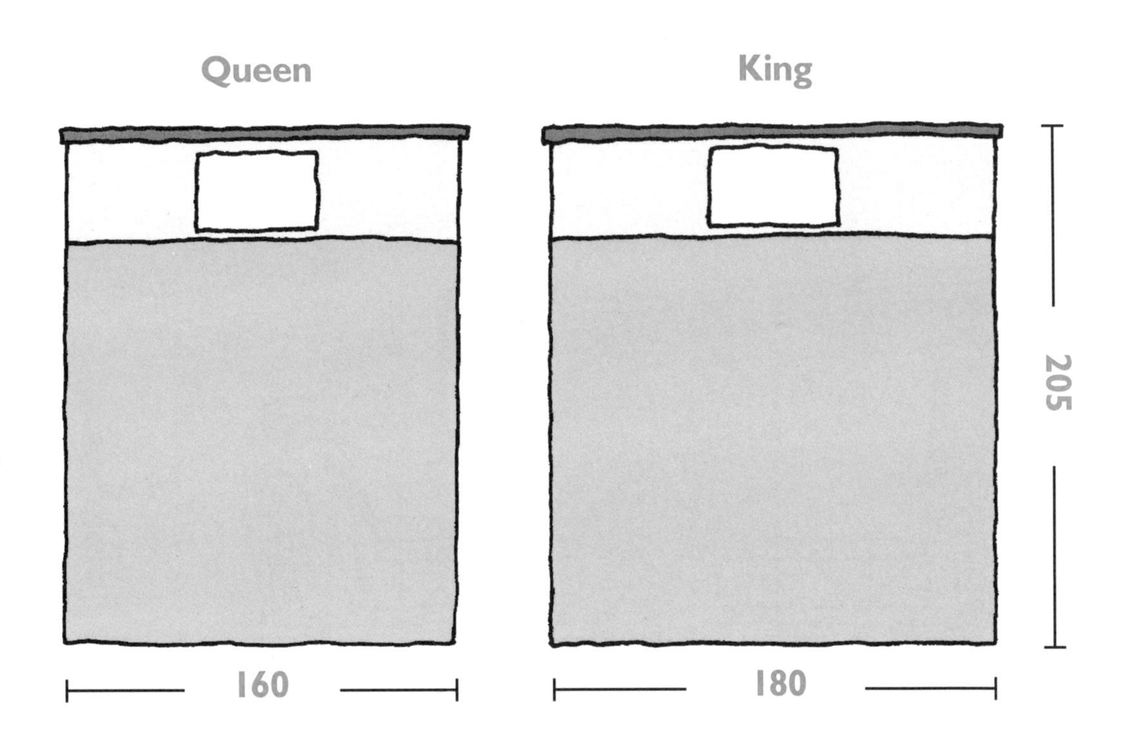

子、椅子。如果还想做点工作，那就要具备一定的书房功能。

不同的生活方式，会带来不同的家具需求，不过不管哪种生活方式，睡觉的床都不可或缺。房间是西式的话，必须保证一个放床的空间。

在确定卧室布局的时候，应该最先确定的，就是床的位置。如果靠近窗户，冬天的冷空气可能会让头部着凉，容易引起感冒，而空调的风直接吹向身体，对健康也不利。考虑到这些限制因素，床的位置其实也没有太多随意调节的余地。

喜欢某种床，但要考虑买回家之后，能不能放在合适的地方？放在一个地方，又会不会阻碍动线？这些因素都不能忽视。

上面列举的是市面上的主流规格，而设计不同，也会让床的大小很不一样。另外考虑到床头板的厚度，在考虑床的长度时，要注意在床长之上再加5cm。

Space around

[床周围的动线]

希望卧室宽松些，还是希望功能更多些？这是一个问题

卧室带的功能越多，就需要越多的家具，而且使用这些功能时，也需要相应的空间。如果这些空间得不到满足，那么即使摆上家具，活动起来也有困难。虽然说房间窄一些，也不是无法生活，不过已经在外面辛苦一天了，回到家里，还是给自己留点儿宽松的环境吧。

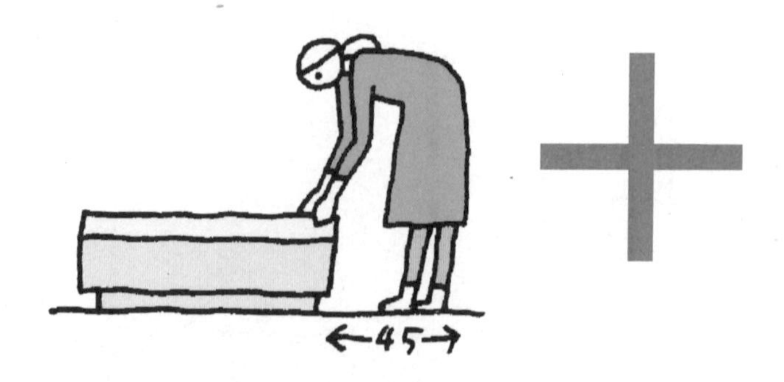

要在床的周围通过，至少需要45cm的空间

人朝前行走，需要60cm的宽幅，不过在床周围活动的话，床这一侧的上方是空的，所以有50cm就能通过了。如果侧身通过，那45cm也能将就。

收拾床或打扫房间时，需要45cm

要收拾床，或者用吸尘器打扫房间，最少需要45cm的空间。虽然使用简易型床单，不用大动干戈地就能铺好床，不需要这么大，不过要进行打扫的话，45cm的空间还是必要的。

在床的周围，至少要留出45cm的宽度

如果放两张单人床，就可以放在靠墙的位置。可是如果选了双人床，就不能靠墙了，因为靠墙睡的人要翻过另一人的身体，才能上下床。因此在设置的时候，要在床边留出至少45cm的空间。

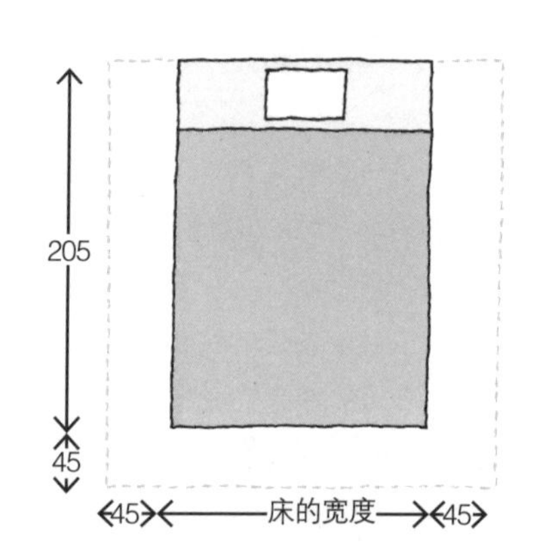

the Bed

穿上衣时，需要70cm

卧室里不可欠缺的空间之一，就是换衣服的空间。穿上衣的时候，最好能有80～90cm的空间，当然有了70cm，穿衣也不会有什么难度。

给别人穿上衣时，需要110cm

穿衣服的人需要60cm，给别人穿的人需要50cm，加起来最少也需要110cm。在客厅或玄关给客人穿衣服时，也需要同样大的空间。

从事案头工作时，需要的空间为书桌进深加上75cm

要想卧室具备书房的功能，就需要在桌子的进深之上，加上拉开椅子站起来时所需的空间，后者为75cm。如果要从椅子后面通过，还要至少加上45cm。如果没有足够的空间，那就在其他不需要通道的地方设一个简易书房。

拉开日式衣柜抽屉，需要90cm

人蹲下时需要约60cm，日式衣柜抽屉的进深为45cm。当然没必要把抽屉都打开，也能取出东西来，所以总共有90cm的空间，也能满足取东西的需要。

大衣柜的正面，需要90cm的空间

把大衣柜门全打开的空间，加上把抽屉拉出来所占空间，以及人站立的空间。但实际需要的空间比三者总和略少，为90cm。有了这个空间，换衣服也没问题。

化妆时需要70cm

化妆台的椅子没有靠背，后方所需的空间自然不需要那么大。但有时候别人需要从化妆者身后通过，因此也需要保证一定的空间。

放上家具，也会需要增加相应的活动空间

卧室里最主要的行为是“睡觉”，除此之外就是“更衣”。为了做这两件事所需的空间，是绝对不可欠缺的。

如果在此以外还想做别的事，比如工作、化妆的话，就需要添加书桌、化妆台等家具，而做这些事，也需要新的空间。

要想让有限的空间具备更多的功能，就需要了解各种功能所需要的空间。希望大家试着去体验一下，坐下去，站起来，各自需要多大空间，才不会让自己感到累。在这个基础上，去考虑卧室的布局。

希望卧室宽松些，还是希望功能更多些？这需要夫妻二人认真商量。如果一定要在有限的面积内增加各种功能，可以考虑放弃用床，采取榻榻米的形式，这也是一种选择。

Room × Bed

[床和卧室的大小]

测量卧室的尺寸，
先确定床的摆放位置，然后再配备其他家具

房间的面积，
不能光看数字

去房地产中介，会看到门口贴着各种二手房的面积是多少多少平方米。不过日式房间的长宽比基本固定的，而西式房价则不一定。光看广告上说“面积××m^2”，就急急忙忙去买家具，可能会栽跟头。

“这间居室的面积是12m^2，那King型的大床一定放得下”，可不要这么想。还是要去实地考察，具体测量一下房间的尺寸，然后再决定买什么类型的床。

另外床可不是随便放在房间的任何一个地方都可以的。窗户的位置、空调的位置、房门和衣帽间门的位置，都需要考虑。

从窗外可能会钻进冷空气，所以头对着窗户睡觉，容易导致感冒。喜欢夏天睡觉时开着空调，那就要确保冷气出口不直接对着身体。另外，要在衣帽间前更衣，最少也需留出70cm的空间。

在床周围走动、打扫房间，则需要至少45cm的空间。

考虑到这些因素，在确定卧室布局的时候，首先要确定床的位置，然后再决定家具怎么摆放。如果床实在不好摆，那就干脆放弃，采用打地铺的日式睡眠方法。

**考虑门窗的位置，
然后确定床的位置**

在确定床的位置的时候，要考虑门窗和空调的因素。头朝向窗户，或是离门太近，或是空调冷气能吹到身体，都不是正确的摆放位置。

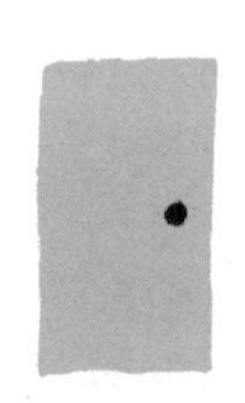

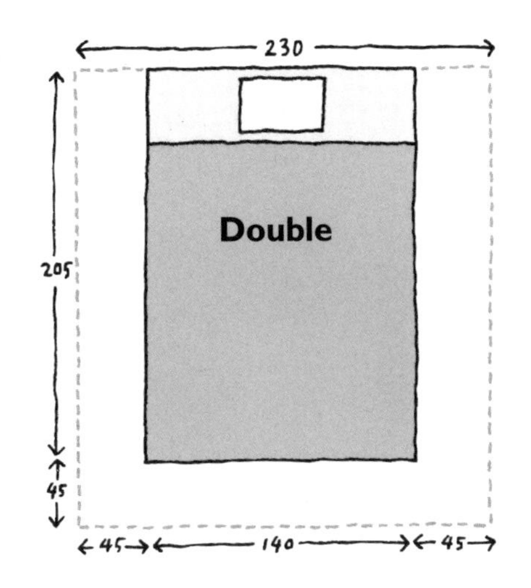

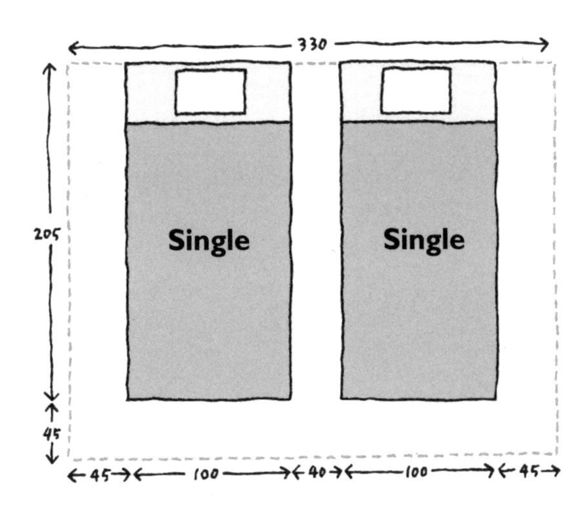

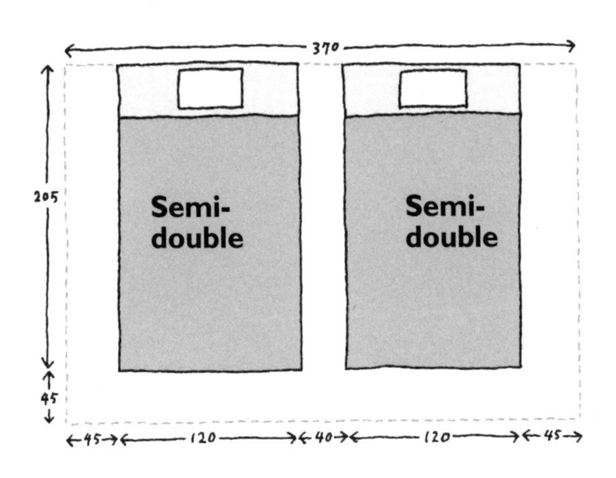

床的类型不同，所需面积也会不同

放不同类型的床，所需的各种空间也会随之而改变。

如果床的周围至少需要45cm的空间，那么双人床所需的空间就要保证宽230cm，进深250cm。双人床以上规格的床，需要两侧都留出空间，不能靠墙摆放。因为睡在里面的人如果比外面的人起得早、睡得晚，那么上下床时就要跨过对方的身体，很不方便，还会打扰到对方。

双人床的宽度为140cm，比两张单人床加起来的宽度少60cm。因此即使留出上下床的空间，也更加省地方。如果卧室面积不足以放下两张单人床，那么就考虑一张双人床吧。

放两张单人床时，摆放方法有两种：一种是分开放，一种是并在一起。如果是分开放，就需要至少40cm的间隔。正面行走需要60cm，但床的上方是空的，只要保证两腿的空间就够了。另外小型床头桌的宽度也是40cm左右，正好能摆在两张床之间。

考虑到整理床铺的需求，最好把床的三个方向空出来。如果空间不够，那就把床的一侧靠在墙上。只要有一侧有通行空间，收拾床铺也不会太麻烦。

如果选择把两张单人床并在一起的方式，那么和双人床一样，周围也要留出必要的空间，至少要45cm。

分开放两张小双人床（Semi-double），也和放两张单人床一样，要留出必要的空间。

how to make **comfortable space**

6

CLOSET

衣帽间

“挂”和“叠”，了解这两种方式所需的尺寸，提高空间收纳能力

家里最难于收拾的就是各种衣服。但只要你注意到衣服的尺寸，试着改变一下收纳方法，那么同一个空间，收纳能力会有令人吃惊的提高，而且还会很容易管理！

记住三个尺寸，让你感到棘手的服装收纳就会一下子变得轻松起来！

3 type

挂起来的衣服，尺寸为60cm和40cm。折叠的衣服尺寸，则应是25cm×35cm

在衣帽间，最重要的三个尺寸，分别是60cm、40cm和25cm×35cm。

60cm，是上衣的宽度。40cm，是裤、裙等下装的宽度，而25cm×35cm，则是衣服折叠后的大小。

你家的衣帽间现在是什么状态？有没有上衣和裙子、裤子混起来，挂在衣杆上的情况？上装和下装混在一起，前者太宽，会遮住后者，找起来很麻烦。

要想让衣帽间管理方便，同时拥有更大的收纳量，就必须遵守"上装和下装分别收纳"的原则。仅仅这么简单的一个办法，就能让你的衣服更加容易找到，整理起来也会更方便了。

夹住裤脚，吊放在衣帽间里的话，下方的空间就不会剩下太多。而如果把裤子对折起来挂在衣架上，下方就会出现比较大的空间，可以多放一个抽屉式收纳盒了。

抽屉式收纳盒最好能统一尺寸，家里面用的都采用同一规格。这样的话，把这箱衣物拿到别的房间，一样可以并排摆放或是重叠在一起，组合起来很容易。

我推荐使用40cm的抽屉式收纳盒。外侧尺寸是40cm的话，里面的内尺寸则是35cm。衣服折叠起来的尺寸是25cm×35cm，正好放在里面，多余的空间还可以竖着塞进去衣物，一点都不浪费。还有一个好处，40cm的收纳盒，正好能摆在40cm进深的搁架上。只要把衣物按一定的规格折叠起来，随便在哪里都能收纳。

请记住最基本的折叠方法。

Fold

［折叠］

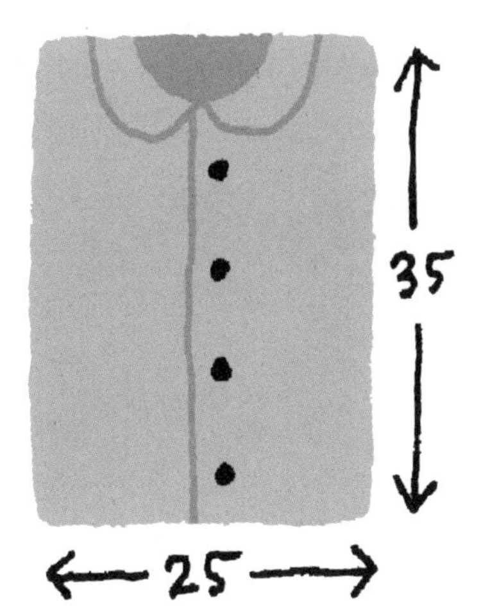

**放在衣帽间的抽屉里，或是
摆在搁架上时，就采用这个尺寸吧**

把衣服拿到洗衣店，洗好拿回来的时候，你会发现衣服基本上都被折叠成了A4的大小。比A4稍微大一些的折法，则是25cm×35cm，这种尺寸，对宽度为40cm的抽屉式收纳盒也好，进深40cm的搁架也好，都刚刚合适。

Hang

［挂］

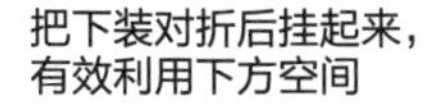

**把下装对折后挂起来，
有效利用下方空间**

下装的收纳，可以采用对折的方法，挂在专用的衣架上。腾出了下方空间，可以放抽屉式收纳盒。下装的宽幅只有40cm，比上装要窄，上下装分开挂，衣帽间的空间利用率就会非常高（参看104页）。

**冬天穿的大衣，夏天穿的
连衣裙，宽幅都是60cm**

冬天穿的厚衣服看起来很大，不过宽幅也就是60cm左右。挂着收纳的时候，衣帽间的进深需要60cm。连衣裙和长大衣，也都属于这一类。

[折叠]

折叠成25cm × 35cm，就能放在抽屉式收纳盒和搁架上

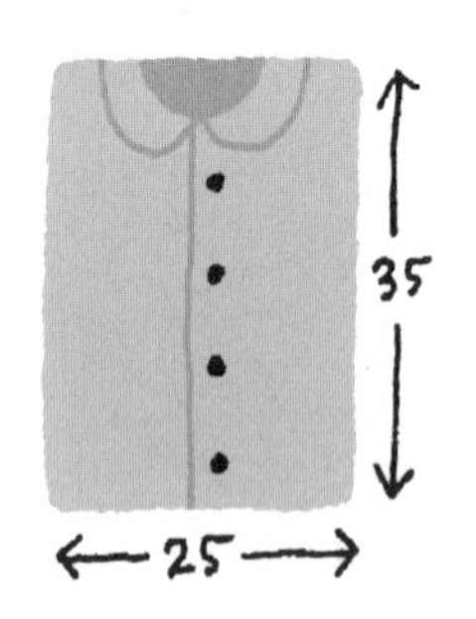

把衣服折叠成25cm×35cm的大小，对宽度为40cm的抽屉式收纳盒也好，进深40cm的搁架也好，都刚刚合适。而且这种折法，折痕也不明显，穿起来很漂亮。

折痕少，衣服挺括

保管衣服的方法，分为“挂”和“折叠”两种。绝大部分的衣服都能挂，但没有衬里的毛衣等物挂的时间长了，可能会失去弹性，最好还是折叠起来。

衬衫之类，还是挂起来更容易管理。只是衬衫太多的话，衣帽间里的挂衣杆长度就不够用了，这时候也只能折叠起来保管了。

只是有一点需要注意：棉制的衬衫如果折叠得太小，折痕就会很显眼，有时候不得不在穿之前再熨一遍。

而折成25cm宽的话，即使是身材高大的男士，前胸部分也不会出现折痕。

几件衣服重叠起来收纳的话，要上下对折一下，这样的话正面长度是35cm。而如果竖起来收纳的话，则要把毛衣折成1/3大，把衬衫折成1/4大。

抽屉式收纳盒，要选择深度为20cm左右的。如果太深，重叠的层数太多，下面的衣服就很难取出来。20cm的收纳盒还可以竖着收纳，折成1/4大的衣服刚好能放进去。卷成棍状的收纳方式也可以考虑，但除了丙烯类纤维的衣料之外，衣服都容易出现皱纹，不推荐这种做法。

如果使用抽屉式收纳盒的话，我推荐收纳毛衣、T恤衫和短袖衫，而且是竖着收纳。上面也说过了，重叠的层数太多，用的时候很难取出来，有时候甚至不清楚盒子里到底放了些什么。

要想充分利用家里的物品，前提就是把物品收纳得一目了然。竖着收纳衣服，自己现在有什么衣服，还缺什么，都容易掌握了。

Fold

在收纳盒中竖着收纳衣服时，要折成1/3或1/4大

用抽屉式收纳盒收纳衣服时，我建议竖着插进去。因为这么做，所有收纳的衣服都能一目了然，便于管理。要注意不能塞得太满，否则衣服上会出现皱纹。反过来衣服也不能太少，衣服不容易保持平直。面料太薄的衣服不便于竖着收纳，最好还是挂着，或是重叠着放在搁架或收纳盒里。总之，要根据衣服的质地来选择收纳方法。

[对折]

重叠着收纳衣服时，把衣服对折，折叠后衬衫的长度差不多就是35cm。而且全体厚度均一，码好衣服后，也很平整。

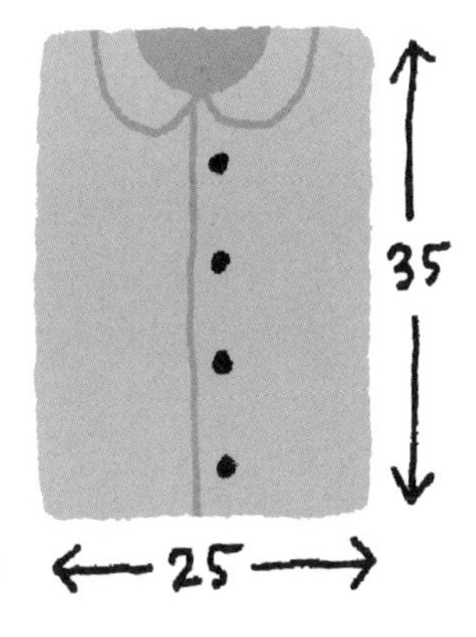

[折成1/3大]

竖着收纳时，一般折叠成1/3或1/4大小。男性穿的毛衣一般是60cm长，折成1/3的话就是20cm。衬衫长度约为75cm，所以要折成1/4大。

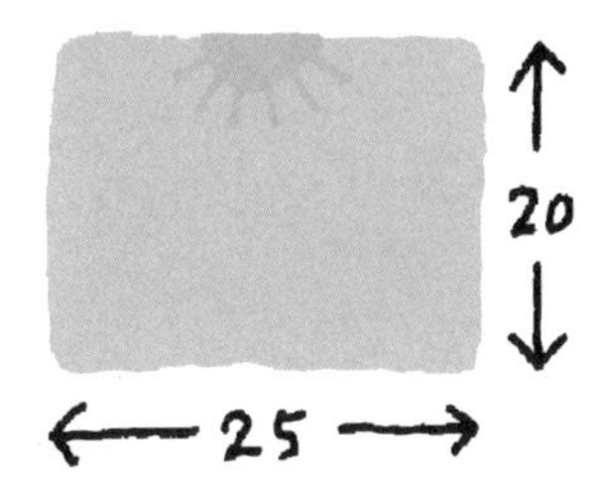

衣服的折叠技巧

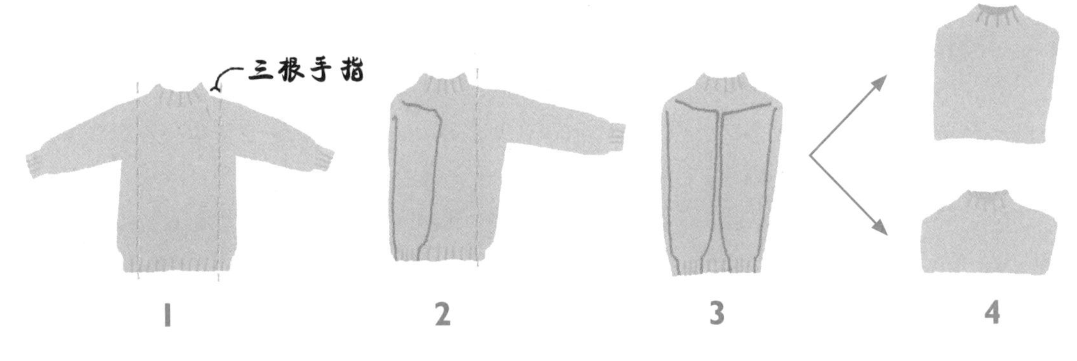

确定折叠位置（图中）三根手指

衣服的正面朝下，折叠位置是后颈向外三根手指的地方。这样做，就可以避免前胸出现折痕。收纳时，请按这条线来折叠。

折叠一侧

沿着1中的折叠线，先折叠衣服的一侧。袖子也叠在衣服上。

折叠后的宽度为25cm

衣服的另一侧也按上述方法折叠。折叠后，衣服的宽度为25cm左右。

竖向折成1/4～1/2大

重叠着收纳时，竖向对折；竖着收纳时，毛衣折成原大的1/3，衬衫类则折成1/4大。

折叠宽度是不是25cm左右，要用胳膊来量一量

想折叠成25cm×35cm大小，是需要一定经验的。如果对尺寸没把握，可以用胳膊来量一量。从肘部到手腕的距离，大约就是25cm。在衣服的两侧都折叠完之后，用胳膊比一下，就知道折叠的对不对。多练几次，慢慢就不需要每次都量了。

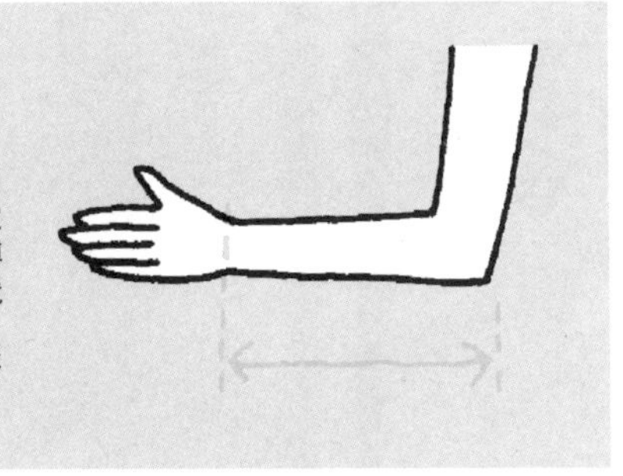

重叠着收纳，还是竖着收纳，要根据衣服的质地来决定

要想不让花了钱买的衣服泥牛入海，最好在收纳中做到一目了然。竖着收纳的话，自然看得更清楚，不过有些衣服就会出现皱纹。
因此要选择哪种收纳方法，还是要看衣服的质地。

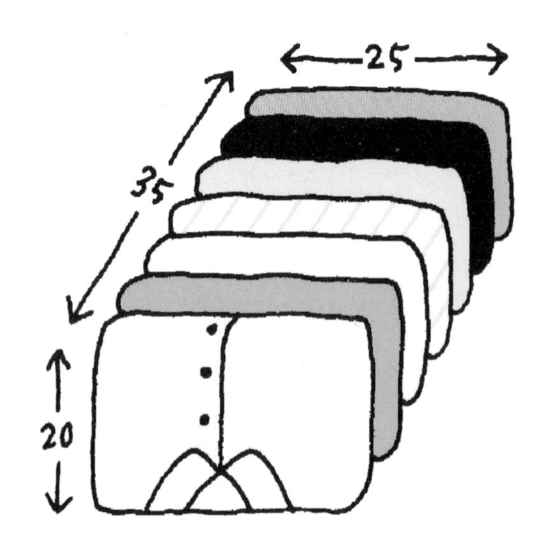

[竖着收纳]

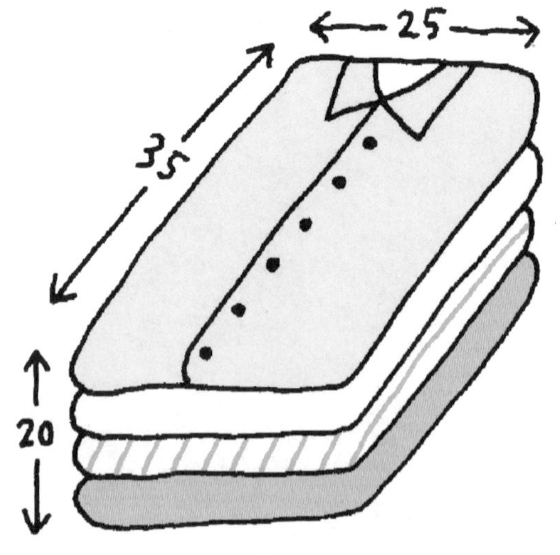

[重叠着收纳]

在抽屉式收纳盒中竖着收纳衣服，需要在衣服两侧折叠成25cm宽之后，竖着折成1/3或1/4大，折过的地方朝上来存放。这样在取的时候，就不会把旁边的衣服弄皱。

至于排列的紧密程度，应该是以手能比较轻松地插进去为标准。如果塞得太满，容易产生皱纹，而且在取的时候会把其他衣服带出来。如果衣服不多，容易倒下，那就用类似挡书板的立板来挡住。

要竖着收纳，就要增加折叠次数，保证一定的厚度。比较薄的衣物，折成1/3大还是容易倒下来，而折叠次数多了，折痕就会很明显。除了薄的衣物，忌讳折痕的衣物也应尽可能采用挂的方式。如果挂的空间不足，那就重叠着收纳吧。

洗衣店洗好的衣服，拿回家里之后，最好还是重叠着收纳。

（适合竖着收纳的衣服）

T恤衫、短袖衫、棉衬衫、薄毛衣等。

（适合竖着收纳的理由）

不容易产生皱纹，或是有皱纹也没太大关系。只要质地比较坚牢，折成1/3或1/3大小，就可以竖着收纳了。

（适合重叠着收纳的衣服）

有了折痕会不好看的衬衫，以及要折叠很多次才能竖起来的薄衣服，还有就是比较厚的毛衣。

（适合重叠着收纳的理由）

折痕少，而且不必折叠好几遍。

摆在搁架上的时候，两摞衣服之间的间隔为手指的厚度，即1.5～2cm

重叠着收纳衣服时，可以放在搁架或抽屉式收纳盒中。

放在搁架上的时候，衣服和衣服之间要保持一定的空隙，大约是1.5～2cm。这差不多是手指的厚度。重叠放的一摞衣服可能会朝一侧倾斜，有了这个空隙，就能用手插进去扶正了。

重叠的件数最好控制在5、6件。层数太多的话，下面的衣服就不好取出来，而且衣服本身的重量也会让衣服出现皱纹。把上下两层搁板的间距设为20～25cm，是比较合适的。比较厚的毛衣可以重叠2、3层。

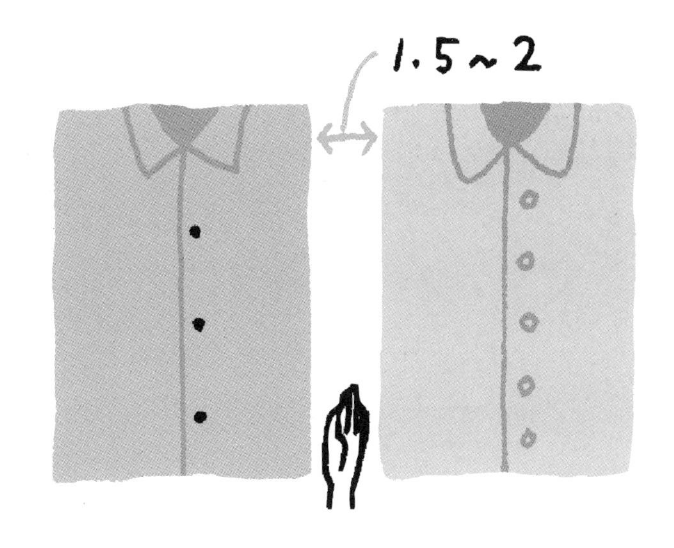

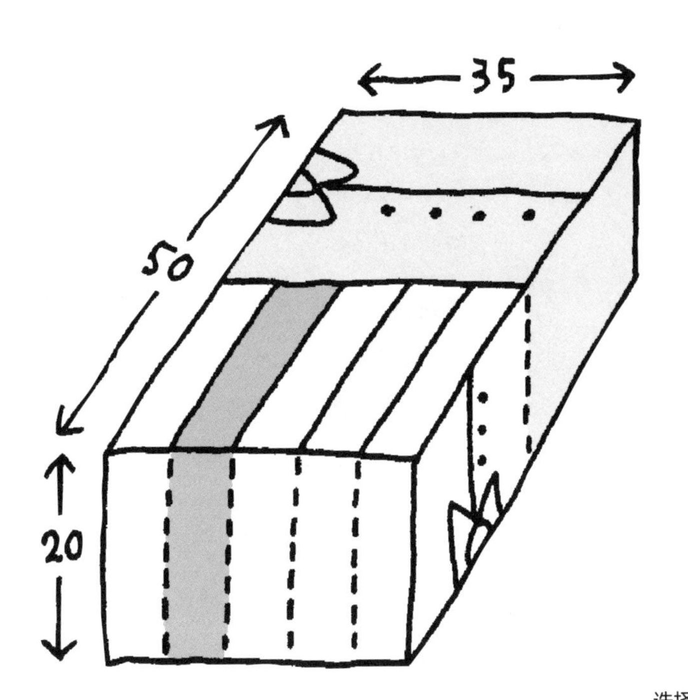

衣帽间用的抽屉式收纳盒，最佳内尺寸为W35cm×D50cm×H20cm

衣帽间的进深一般为60cm左右，上装挂进去，就不会碰到内壁和门了。选择抽屉式收纳盒时，应选择的内尺寸为宽35cm、进深50cm、高20cm。这样的收纳盒，折叠好的衣服无论是重叠还是竖着摆放，都能放进2排。

收纳盒深度为20cm，重叠的薄衣服能放5、6件，厚衣服能放2、3件。

重叠放衣服的缺点，是下面的衣服被挡住了，不能一目了然。所以收纳盒要选择透明材料的。

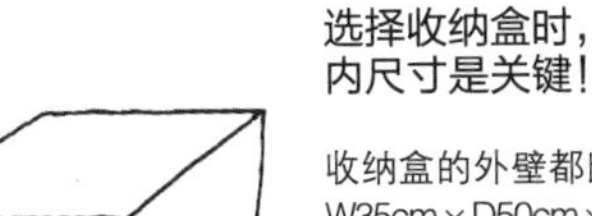

选择收纳盒时，内尺寸是关键！

收纳盒的外壁都比较厚，如果内尺寸为W35cm×D50cm×H20cm的话，外侧尺寸就可能达到W40cm×D55cm×H25cm，而商品标签上的尺寸往往是后者。不同厂家的产品，外壁厚度是不一样的，因此在选择的时候，一定要确认内尺寸。

Hang

[挂]

按衣服种类分开挂，就能大幅度提高收纳量

衣帽间内的衣服有各种长度，按照种类来分别挂的话，长度就能统一，节约出空间，管理起来也更容易。

在挂杆上挂衣服的时候，要区分不同种类，把同样长度的衣服挂在一起

除了一些挂久了之后会变形的毛衣之类，其他衣服都应尽可能地挂着收纳。挂着的话，不容易出现皱纹，也不会变形，不容易破损，取放也很方便。不仅如此，挂着的话，一眼就能看清楚自己有些什么衣服，管理方便，而且也省去了折叠的功夫。

普通的衣帽间，一般有一根挂杆，上方是一个搁架，收容空间是有限的。但只要你意识到尺寸问题，在挂衣服上下下功夫，就会发现收纳量能大幅度增加。

挂衣服时需要重视的，是“衣服的长度”。

按不同长度来挂衣服，从衣服的下摆到柜底之间就会出现空间，能在这里放入抽屉式收纳盒。而如果把长大衣和衬衫等长度不同的衣服混在一起挂，这部分空间就可能所剩无几了。

在按长度分类时，可基本分为裤子等下装、衬衫和短上衣，以及长大衣和连衣裙三大类。

将下装对折后挂在衣架上的话，从衣架顶部到裤脚的长度大约是70cm。同样算法，衬衫和短上衣为90～100cm，长大衣和连衣裙约为120cm。

按不同长度分别挂起来，其实也意味着按种类挂，管理起来自然很方便。

如果衣帽间是两个人以上共同使用，那么首先要按人来区分，在此基础上再按长度区分。接下来，按照“冬天”、“夏天”和“春秋季”来区分。至于参加各种仪式所需要的礼服，则放在最里边。

如果挂杆挂不下所有的衣服，那就把过季服装折叠起来，放进抽屉式收纳盒或是密封盒中，摆在衣帽间上方的搁架上。挂杆上挂的都是现在要穿的衣服，一目了然，存取方便。

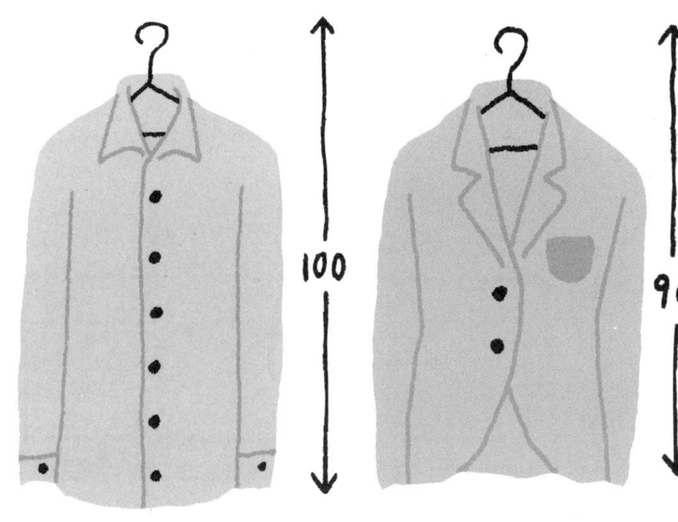

PANTS（裤子）

下装类的长度约为70cm

下装类在对折之后，挂在衣架上。从衣架顶部到裤脚的长度约为70cm。为了不让下装上带有折线，可以考虑选择1cm直径的粗衣架。

SHIRT（衬衫）

衬衫类的长度为100cm以上

男性用的衬衫挂在衣架上，长度约为100cm。有些下摆较长的衬衫还会超过100cm。把相同长度的衣服挂在一起。如果挂杆挂不下，那就把剩下的衬衫折叠好，放在收纳盒里。

JACKET（短上衣）

短上衣的长度约为90cm

男性用的短上衣，挂在衣架上时的长度约为90cm。西装上衣的长度也是这么多。总之，要把同样长度的衣服集中挂在一起。

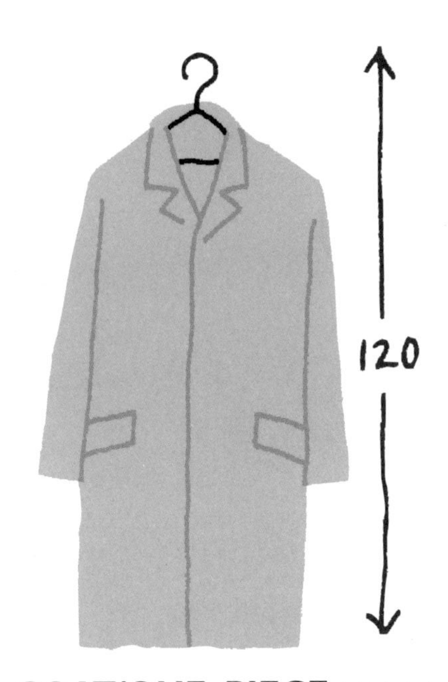

COAT/ONE-PIECE（长大衣）

长大衣的长度约为120cm

把长大衣或连衣裙挂在衣架上时，长度约为120cm，下方不会有太多空间来放收纳盒。因此要把长大衣挂在衣帽间的左右两侧，中间部分留出来摆放收纳盒。

在对衣服分类的时候，发现了从来没穿过的衣服！所以衣帽间要经常整理

女性用的上装，有些只到腰部，有些却长及膝盖，很难计算出平均长度。不过按种类来区分，就能大概地了解各种尺寸。

把衣帽间里的东西进行分类，就会有新发现：有些衣服买来之后，还从来没有穿过呢。通过分类，还能对杂乱的衣帽间进行整理，衣帽间之中也会变得很整洁。

[衣帽间]

按种类分别挂，
充分利用衣帽间内空间！

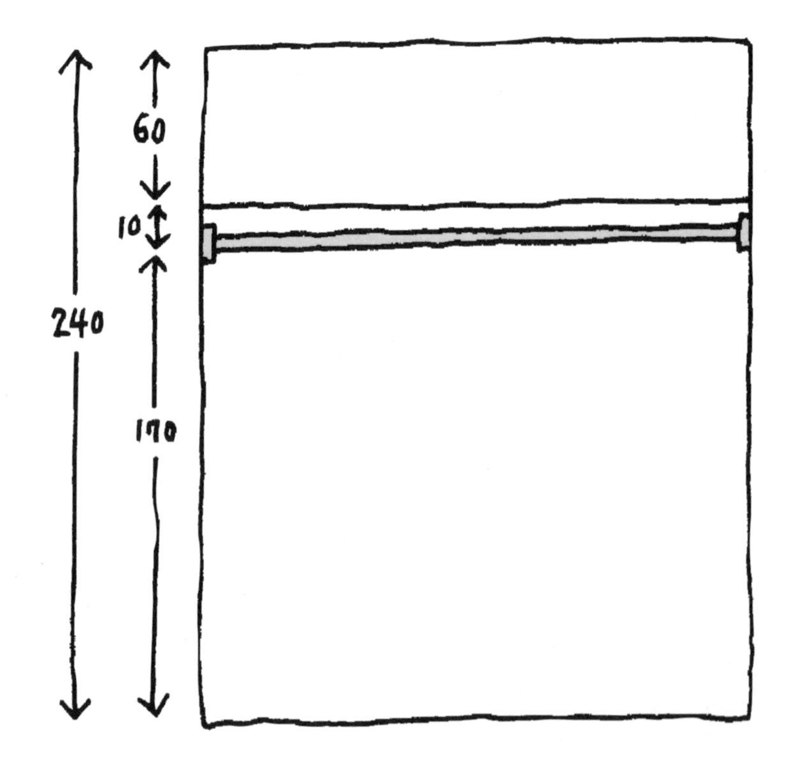

在衣帽间内部，有挂杆和上方搁架

衣帽间就是用来收纳衣服的，通常由挂杆和上方的搁架所构成。在挂杆上挂衣服，剩余的空间放抽屉式收纳盒。而对挂衣服的方式稍加调整，能放的收纳盒个数会增加不少。所以说只要脑子里有“尺寸”的概念，同一个衣帽间，发挥的作用也会完全不同。

从挂杆到地板的高度约为170cm。摆放抽屉式收纳盒完全没问题

衣帽间里根本放不下自己的衣服，结果只好房间各处摆上收纳盒，即使这样还是放不下，最后地板上都堆放着衣服……。在叫苦不迭之前，还是检查一下自己的衣帽间是不是得到了充分的使用吧。

衣帽间一般都和天花板一样高，为240cm。挂杆的位置，多在距地面170cm的地方。挂杆的直径为3.2cm，上方是独立的搁架。这就是最常见的衣帽间结构。

那么挂杆上挂了衣服之后，下面还能放多少收纳盒呢？

长大衣的长度为120cm。如果在挂杆上到处挂，衣帽间的下方空间只有50cm，放不了几个收纳盒。

如果分门别类地挂衣服，下方空间就会得到有效利用，能放的收纳盒数量也会成倍增加。

CLOSET

分门别类地挂衣服，
有效利用后的空间中，就能放下7个收纳盒！

在挂杆上挂70cm长的下装，下方会剩出100cm的空间。挂衬衫和西装，下方会剩出70cm。换句话说，如果使用W40cm×D55cm×H25cm的收纳盒，那么衣帽间挂下装的下方能放3层，挂上装的地方能放2层，挂长大衣的地方能放1层。

宽度为160~170cm的衣帽间，能并排摆放3个这样的收纳盒。但要注意的是，如果衣帽间采用折叠门或合页门，那么在左右两端放收纳盒，会被门挡住，难以顺利地拿出来。因此在放的时候，应该在两端留出与门的厚度相当的空隙来。

上方搁架的进深约为40cm。收纳盒放在里面，会多出15cm，不过无关紧要。把过季的衣服放进收纳盒，摆放在这里。换季的时候，再把搁架中和衣帽间中的收纳盒对调一下就行了。

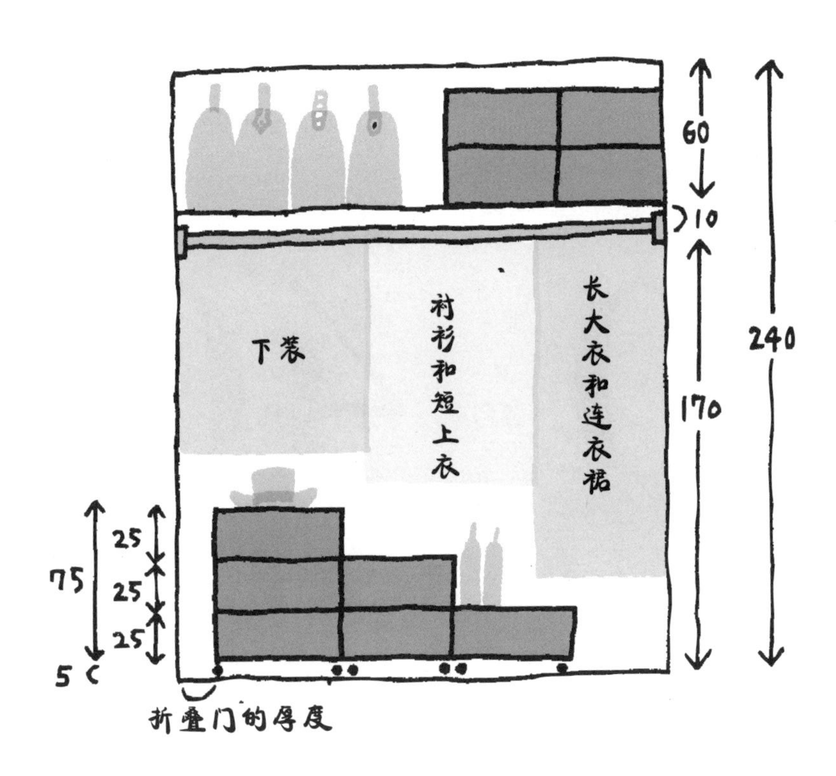

在抽屉式收纳盒的下面安上小脚轮

上方搁架上，也可以存放帽子和包之类的物品。下方的衣服与收纳盒之间，也可以放包。下方的多层收纳盒中最下面的那个，可以在底部装上小脚轮，打扫的时候不费力地就能拉出来。

[大型衣帽间]

把上装和下装分开放，大型衣帽间一下子就变得宽敞起来！

过道宽度从50cm增加到70cm的魔术

把宽度为40cm的下装与60cm的上装分开放，收纳部分的空间就会增加很多。这一点，在大型衣帽间上体现得最为明显。

比如说3m²左右的大型衣帽间，中间有一个过道，左右两侧各有一根挂杆。如果两侧都挂有上装，那么衣服本身的宽度就有120cm，而如果一侧挂上装，另一侧挂下装，各自的宽度是60cm和40cm，加起来才100cm。这样就比混着挂要节省20cm的宽幅。

假设除了墙本身的厚度，大型衣帽间的内尺寸为边长170cm的正方形的话，两侧混着挂时，过道的宽度最大也不过50cm。前面说过多次，人正面通行所需宽度为60cm，因此在衣帽间里只能侧身通过。如果左右两侧按上下装分别挂衣服，通道宽度就增加到70cm，进进出出更方便不说，还能在里面轻松地换衣服、清理打扫了。

40 cm

在原有配置的挂杆上挂上装。把同样长度的衣服关在一起，下方的空间就能得到有效利用，能够放更多的收纳盒。

大型衣帽间内设置挂杆的位置，一般距离墙30cm左右。把挂杆的位置向内移动10cm，在这里专门挂下装。衣帽间内过道的宽度就会因此增加10cm。

在上装下方的空间摆放进深55cm的抽屉式收纳盒

除了衬衫、短上衣、西装上衣等上装，长大衣和连衣裙的宽幅也基本上是60cm左右。把长度相近的衣服挂在一起，下方腾出来的空间可以用来放收纳盒。

在距墙20cm的位置上安一根下装专用挂杆

下装的宽幅为40cm。大型衣帽间在左右两侧都有挂杆，可以把其中一侧专门用来挂下装，衣帽间内的空间就会因此而变得宽敞，而且管理起来也更方便。

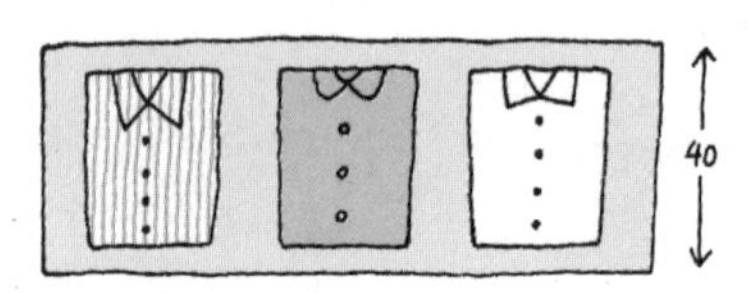

在挂下装的一侧设进深40cm的搁架

可以在挂下装的一侧，设置进深40cm的搁架，把折叠了的衣服放在这里。搁架和挂杆上的衣服的宽幅相同，空间利用率高。这个规格的搁架，还能放包和帽子。

K-IN CLOSET

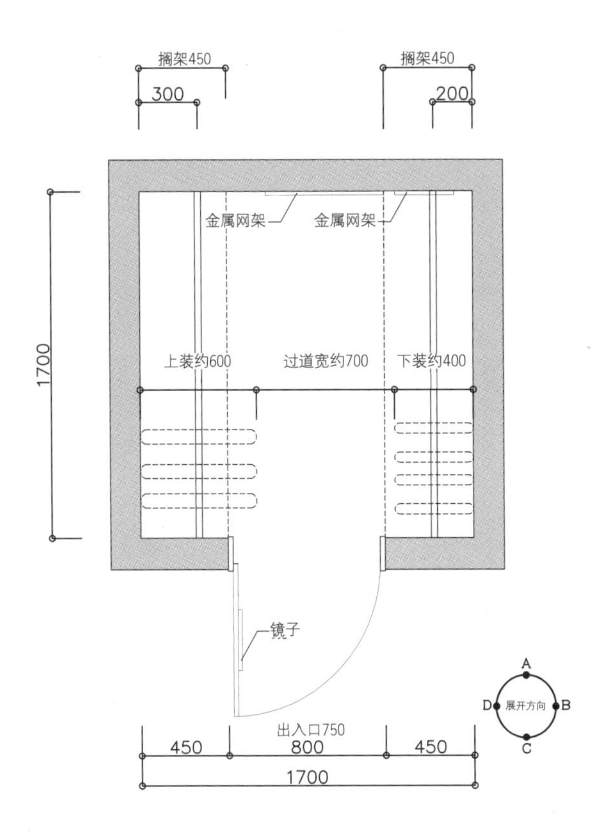

提高了收纳能力之后，还可以放旅行箱或寝具

左侧的示意图是$3m^2$左右的大型衣帽间。右侧的挂杆已经向墙的方向移动了10cm，过道宽度也因此增加到70cm。在里面整理物品和打扫工作，会变得更轻松。

大型衣帽间中除了收纳衣服之外，还可以作为储物间而使用。挂杆上方的搁架进深多为45cm，由于下方的收纳能力增加，搁架上多出来的空间就可以存放旅行箱及寝具之类的。

正面的墙上可以安装金属网架，把领带或纱巾放在这里。

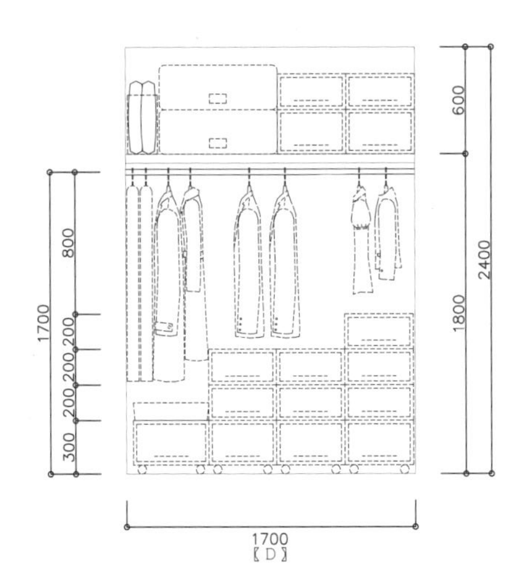

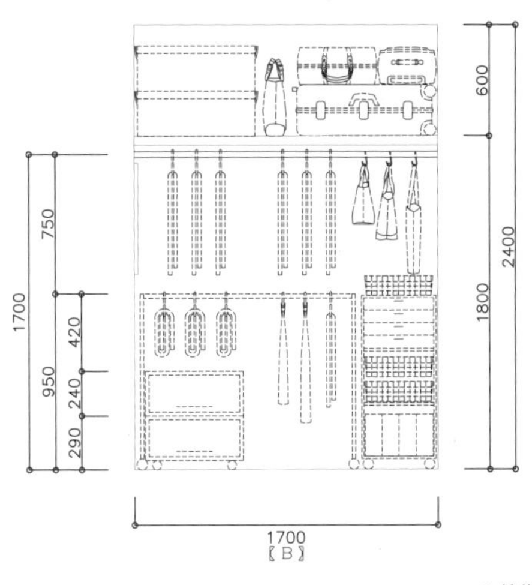

※单位为mm

搁架上还可以存放备用的被褥

挂杆上根据不同长度来挂衣服，下方空间也能腾出来放抽屉式收纳盒。而在上方的搁架中，可以放一个洗衣网（35cm×25cm），内装两件羽绒衣，还可以放被褥各两套。旁边的收纳盒中则可存放床单及睡衣的储备品。

挂杆设为上下两层，提高收纳下装的能力

挂杆离地面的高度为170cm，而下装的长度多为70cm，因此在这里可以再设一根挂杆，分上下两层挂下装。上方的搁架摆放大小两种旅行箱，分别是W81.5cm×D54.5cm×H27cm和W45cm×D35cm×H20cm。搁架旁边的收纳盒之中，可以存放内衣等小件衣物。

how to make **comfortable space**

7

TATAMI ROOM

日式房间

作为弹性空间，如今榻榻米人气很高。确认尺寸时也要“有弹性”哦

近来日式房间越来越受欢迎：随时可以躺下放松，能在里面做家务，还能当作客房，在功能上很有弹性。在榻榻米上盘腿坐下，视线高度也会与平常不同，给人一种新鲜感。日式房间往往用几张榻榻米大小（即○帖）来表示面积，不过标准不同，实际面积也不尽相同。亲身测量才是王道。

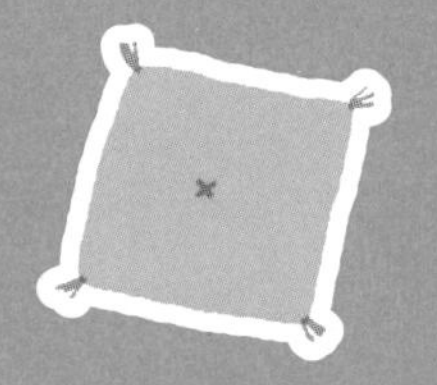

坐垫的规格也有多种，最常见的叫做“铭仙判”

日式房间专用的坐垫有多种不同规格，包括茶席判、木绵判、铭仙判、八端判、缎子判、夫妇判等多种。最常见的是铭仙判（55cm×59cm）。在日本工业标准中，铭仙判属于M型尺寸，木绵判（51cm×55cm）为S型，八端判（59cm×63cm）则为L型。

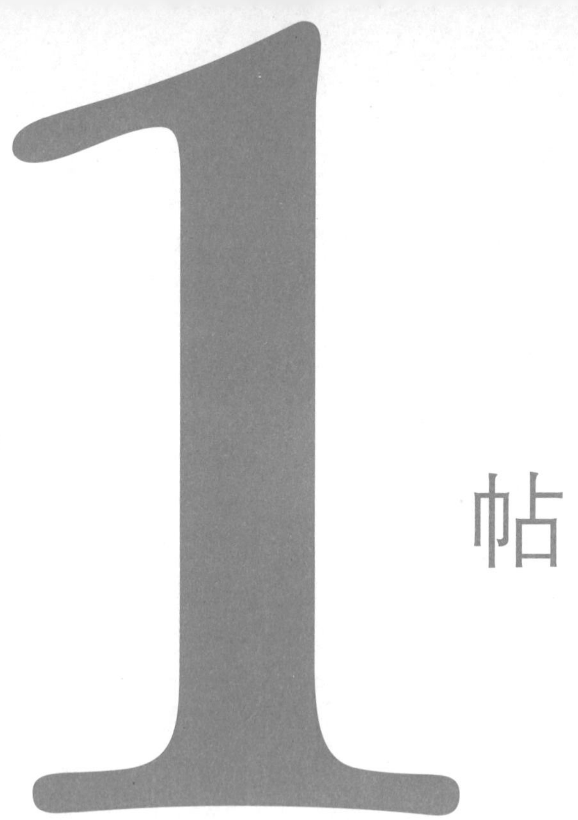

榻榻米1帖的大小是不尽相同的，必须正确测量尺寸

帖

地区间有差别，每个家庭中也有不同

“帖”这个单位，日本人从小就很熟悉，1帖就是一张榻榻米的大小。在表示房间面积的时候，也经常会应用到“××帖”这个词，因此很多人就把它当成了面积单位。但实际上，各地方对“帖”的尺寸的描述是不一样的。

面积最大的，是以京都为中心的关西地区的“京间”。而以岐阜县和名古屋地区为中心的中京地区，则使用“中京间”这个概念，面积是不同的。而以东京为中心的关东地区，则使用称作“江户间”的榻榻米。

至于为什么会出现这种情况，有多种说法。其中一个说法是在过去的关西地区，是以榻榻米为计算单位来建房子的，而东京地区则相反，先建好房子，并把房子中柱子和柱子之间的距离称为1间（约182cm），以此为基础制作榻榻米的。

当然近年来各地的差别也越来越少，房地产行业也有人主张以182cm×91cm为标准。但实际上考虑墙的厚度，内部面积用“帖”来换算的话，好像1帖没有182cm×91cm。各家建筑公司对墙的厚度有各自的标准，因此在现实中，1帖的大小在每个家庭都是不一样的。

因此，看到开发商的广告中出现了“××帖”的词语，也不能因此贸然判断房子的面积。要掌握准确的数字，还需要亲自去测量。

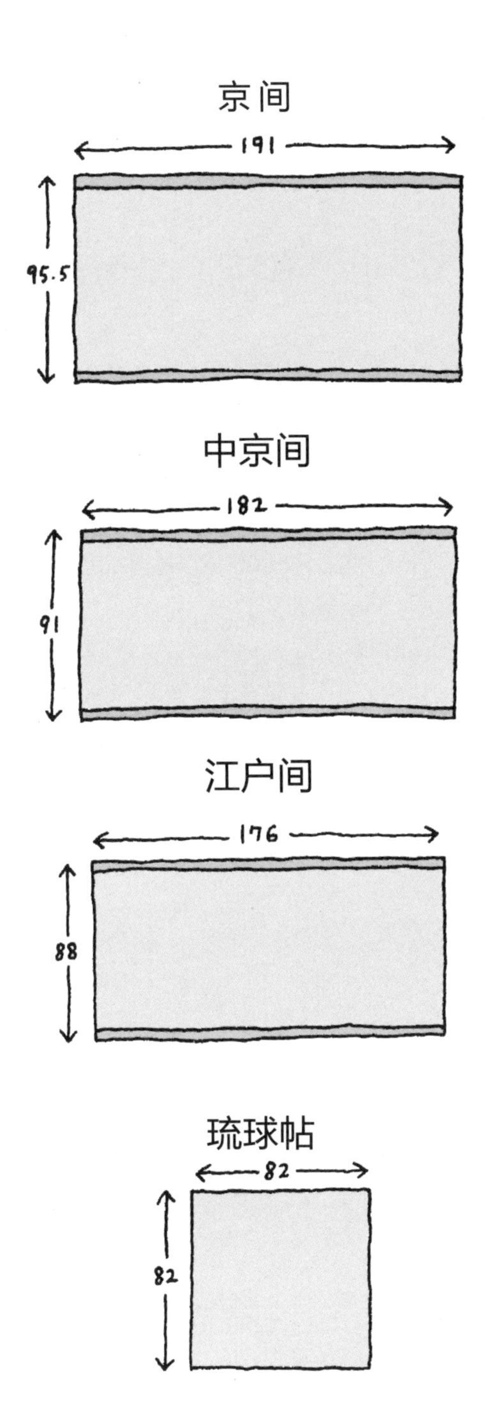

京间的6帖相当于江户间的7帖。1帖的大小，在各地是不同的

除了京间、中京间、江户间，公寓楼等共同住宅或高层住宅中还使用团地规格（85cm×170cm），所以1帖的大小真是五花八门。

京间、中京间、江户间的尺寸如左图所示。京间的6帖为（95.5cm×191cm）×6=10.9943m^2，与江户间的7帖（88cm×176cm×7=10.8416 m^2）基本相同。

再跟团地规格相比的话，（85cm×170cm）×8=11.56m^2，与京间的6帖差不多大了。而与江户间6帖的9.2928m^{2}相比，团地规格的7帖只有10.115m^2。也就是说，住在面积为7帖的商品房，面积比江户间的6帖只大那么一点。

在开发商或房地产中介的广告中，经常会在平面图中用“帖”表示各房间的面积。但广告里的1帖究竟是多大，还是需要具体核实的。

除了上述规格之外，还有一种叫“琉球帖”的。其他地方的“帖”无论大小，长宽比总是2:1的，但琉球帖是正方形，基本上是其他地方每帖的一半，因此也有人把不带边缘部分的半张榻榻米称为“琉球帖”。琉球的榻榻米是用冲绳特产的蔺草制作而成的，所以上述称谓是不正确的。琉球帖的规格为边长82cm的正方形，比江户间的半帖略小。

日式壁橱的大小，也因1帖大小的不同而变化

日式壁橱的正面宽度，往往和榻榻米的长度一致。因此1贴的尺寸较小，壁橱的面积也会因之缩小。壁橱的进深为80cm，长210cm的被子，可以折成1/3大小后放进去收纳。

Futon

在榻榻米上睡，被子所占面积其实挺大。4.5帖的房间只能摆下一床

一床被褥所占宽度为150cm，长度为220～230cm

在日式房间的榻榻米上铺床，所需面积需要根据被子和褥子的尺寸来判断。

褥子的尺寸，单人用为W100cm×L210cm。单人用被子则为W150cm×L210cm。也就是说，在榻榻米上睡觉，所占空间为宽150cm，长220cm左右。而要从被子旁通过，30cm的宽度是最少的了，在枕边放台灯和衣服，长度方面也另外需要50cm。

因此在边长为270cm（4.5帖）的日式房间中，能铺下的被子只有一床，在面积为6帖的房间中，可以铺两床。

当然在4.5帖的房间里，可以铺下两张褥子，如果被子相互重叠一些的话，也能睡两个人。6帖的房间，同样的方法可以睡3人。

虽然铺了被子，几乎把房间占满了。但起床后叠好，又是一个可以自由使用的空间。这也是日式房间的优点。

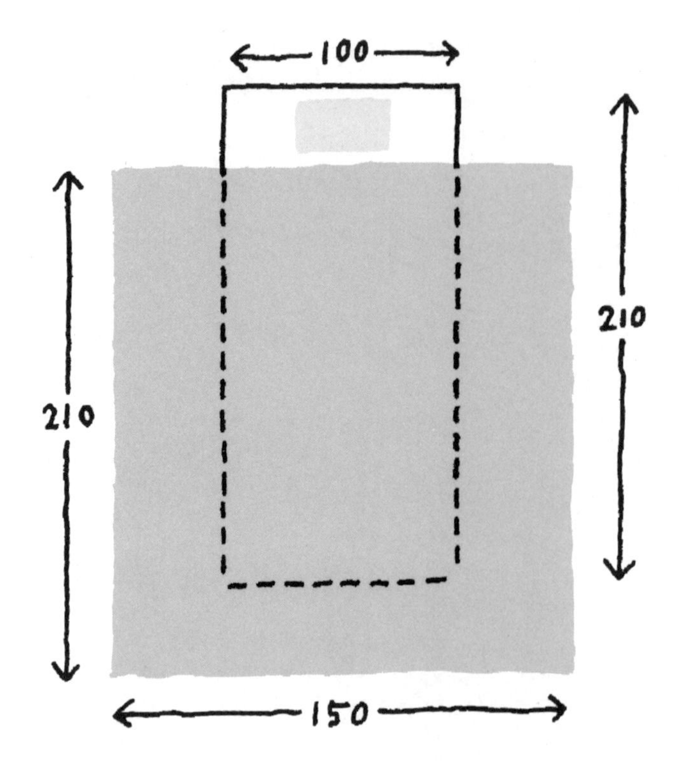

4.5贴其实刚刚能铺下一床被子

在铺好的被子周围走动，最少也要30cm，枕头旁也需要50cm的空间来放台灯。因此边长270cm的4.5帖房间其实在长度上是不够的。要想不踩到被子，就需要把被脚的部分折起来。

要铺两床被子，那么6帖大的房间都会很挤

在完全铺开的状态铺两床被子，所占空间除了被子的宽度，还有在周围走动所需要的30cm。为了出入方便，以及在床头摆放台灯，都需要留出50cm的间隙来。

也就是说，铺两床被子，至少需要150cm×2＋30cm＋50cm＝380cm。6帖的房间，尺寸不过是360cm×270cm，要铺两床被子，也没有太多空余空间。要出入房间，还必须提前把被脚折起来。加上家具的话房间就更窄了，因此夫妻二人的卧室，最好能有8帖以上。

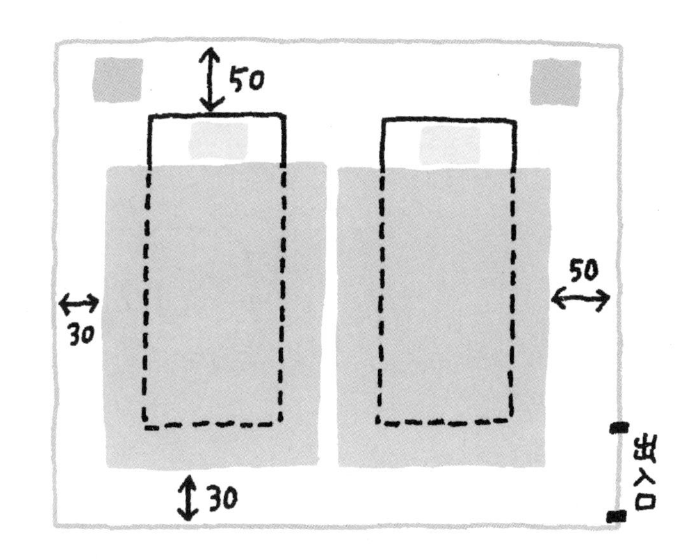

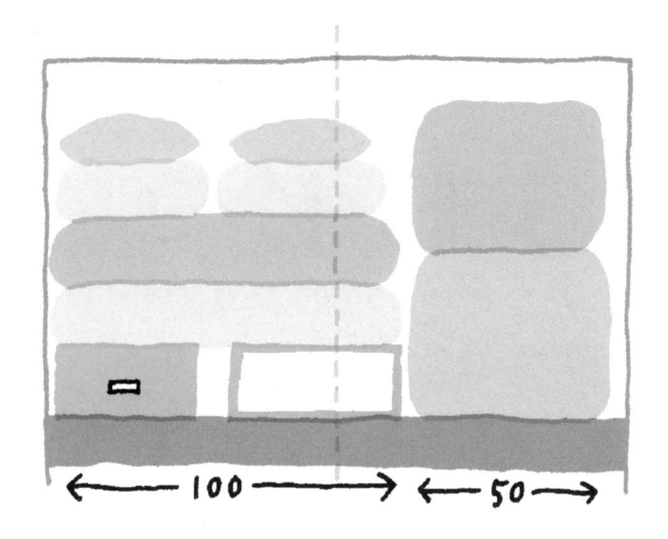

在日式壁橱中，一侧放褥子，另一侧放被子

日式壁橱的宽幅一般为160～170cm。褥子的宽度为100cm，放在壁橱里会占去一半以上的空间，因此不能并排摆放两床褥子。

在壁橱里收纳被褥时，一侧放褥子，另一侧放便于折叠的被子。把被子的短边折成1/3大，再把长边折成1/3的话，尺寸为50cm×70cm，正好能放在褥子的旁边。

在褥子的下方摆放较浅的抽屉式收纳盒，床单之类的可以放在里面。

[被子的折叠方法]

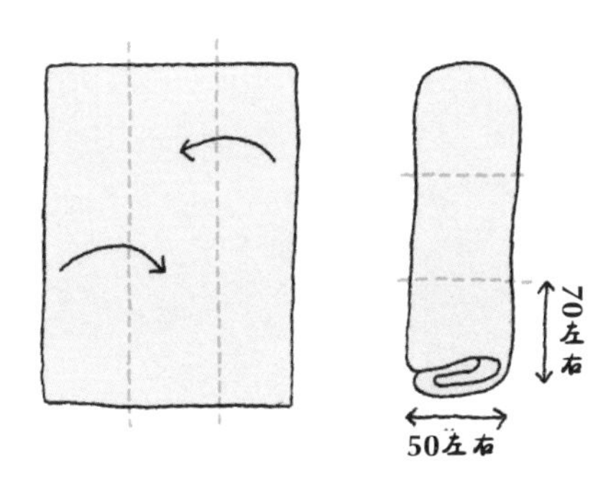

Let's
开始测量吧！
measure

你了解自己家的尺寸吗？预先测量好室内尺寸，在买家具和收纳用具时很有帮助。
测量一次，长久受益，可以当作住房的数据库。
赶快来测量吧！

your house!

卷尺选择5.5m规格的

在家中测量的时候，我建议使用5.5m长的卷尺。这么长的尺子，基本上测量家里的任何地方都够用。万一不够的时候，在5m的地方贴一张胶布，然后以胶布为起点，接着测量。然后在测量得出的数字上再加上5m就行了。

[测量]

考虑家具的摆放和收纳空间的位置，为此进行测量

测量室内尺寸，打造住房的数据库

假如你新买了沙发，但运回家摆好之后，却发现人没法从旁边通过了，该如何是好？新沙发很漂亮，但如果带来生活上的不便，岂不是事与愿违？

买家具的时候，不能光考虑家里能不能放得下。必须计算坐在沙发上时所需的空间，在旁边走动时必要的宽幅。买搁架等收纳家具的时候，也要计算取放物品时需要的空间。

在买家具的时候，当然还要考虑如何摆放，才能跟现在的房屋布局之间保持平衡。

面临这些问题，我们需要一个家中的尺寸图。掌握了家中的尺寸，就能在移动家具之前，提前考虑家具的摆放位置和日常动线。测量一次，家里就有了数据库，今后改变室内布局时会起到很大作用。不用说，在规划新的收纳空间时，也一定需要这些测量结果。

房屋新建时，各种尺寸都写在设计图纸上，是不是就没必要测量了呢？并非如此。在接下来的132页、133页中还会谈到，家中存在“墙的厚度”的问题，设计图中的数字与房屋实际的尺寸并不相等。

新建也好，改建也好，在房子里没有家具的时候，是测量的绝好机会。测量好尺寸之后再确定家具位置的话，日常生活会更加方便，家也能成为真正让你放松的地方。

衣帽间、壁橱等处也需要测量。有了准确的数字，就能选择大小合适的收纳用具，极大地提高收纳空间的效率。

设计图上的数字，与实际的面积有所不同

手中有房子的建筑设计图，是不是会认为“没必要测量，看图纸就行了”？但设计图中的房间面积，是从墙的中心位置开始计算的（参考132页），与具体使用的房间面积不一样。所以一定要自己测量一次。

[房间尺寸]

画一张室内图，明确室内条件，并以此为基础确定家具的摆放位置

测量室内，制作平面图和展开图

测量房间，并不等于测量墙的长度。因为有插座或开关的地方，是不能放家具的。测量对象，当然也包括门窗位置、高度和宽度。

绘制出房间的平面图（从上向下的俯视图）和展开图（从房间的四个方向看到的立面图），根据116页中的8项进行测量和记录。

有了平面图，就能确定家具该摆放在哪里，人走动的时候需要多大空间。而通过展开图，能确定家具的高度、梁的高度，门和窗户之间的关系等。

例如，针对下图中的房间分别制作平面图和展开图的话，就是117～119页中的样子。

也许你会觉得测量太麻烦，但辛苦一下，就能一劳永逸。今后只要继续住在这个家里，这些数据就一直会发挥作用。请你试一试吧。

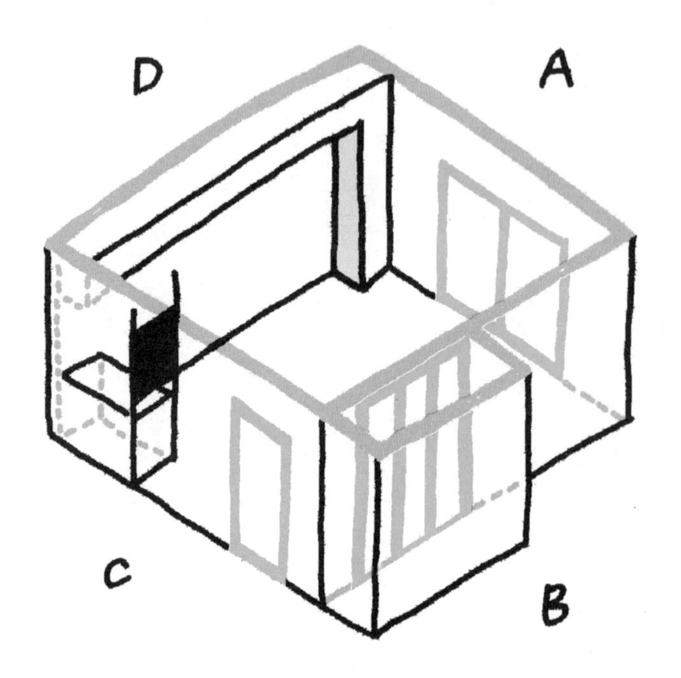

这间居室，如果画成图的话……

测量图中居室，制作的平面图在117页，展开图在118页、119页。梁和窗帘盒、空调等该如何在平面图和展开图中表示，请参考117～119页中的图。

Size of room

不同种类的门，测量方法也不同

测量时需要注意的问题之一，就是门的有效宽度。

“门的宽度＝出入时能使用的尺寸”，很多人都有这样的误解。其实考虑平推门的有效宽度时，必须减去门本身及合页的厚度，还有门把手的大小。如果忽视这些问题，就可能买了家具却进不了门。此外，门朝哪个方向开，范围是多少，都会影响家具的摆放位置，需要注意。

折叠门也一样，不能光测量门框间的距离，而要测量门打开时两扇门之间的尺寸，否则也可能影响物品的出入。同时折叠门打开后，也会占据室内空间，这部分也需要测量。

在测量门的时候，请按照下面的示意图来进行。

Door

［门］

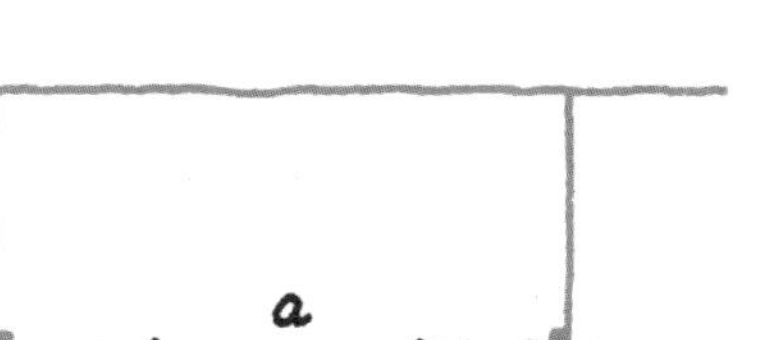
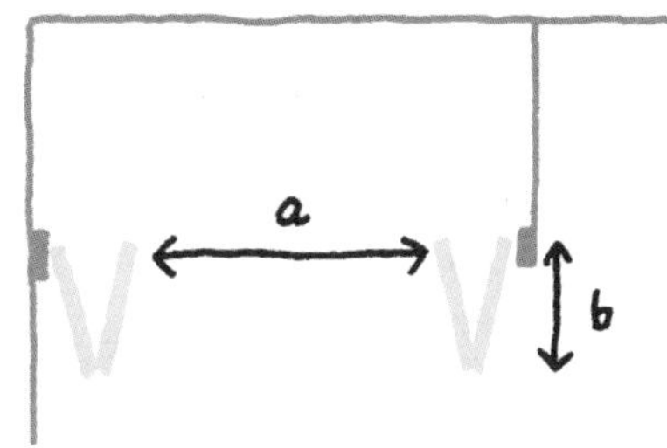

要测量折叠门打开之后的有效宽度，以及门占据的室内部分

应测量折叠门打开之后的有效宽度a，以及门占据室内的部分b的尺寸。前者是物品出入时实际能用的宽度，而后者所占据的位置，是不能放东西的。

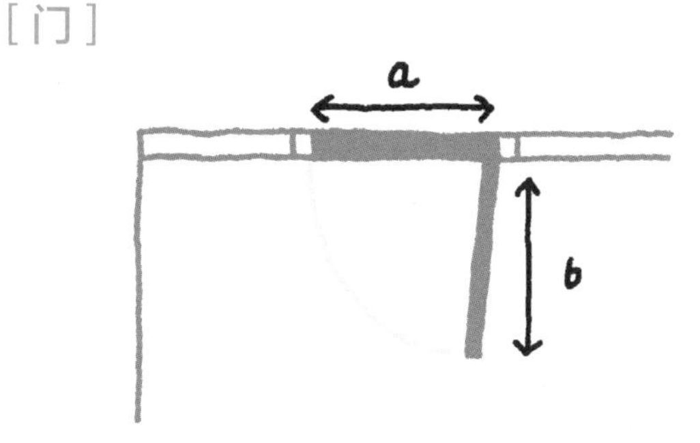

要测量平推门的有效尺寸及打开后门占据的空间

平推门的有效尺寸，是最大宽幅减去门本身及合页的厚度，即图中a的尺寸。在搬入大型家居和家电时，这个数字很重要。另外门是转动的，在以门的宽度b为半径的空间内，也无法摆放其他物品。

检查8项内容，确定家具位置

1

天花板灯具的位置和种类

灯具的位置很容易被忽视，因此应首先确认。此外灯的种类如筒灯、吊灯或吸顶灯等，也需要记录。

2

窗户的位置

飘窗、齐腰窗、落地窗等不同种类的窗户，应准确绘制，并测量窗的宽、高。如果带有窗帘盒，则需要测量窗帘盒的高、宽、进深和距地高度。

3

有无梁、柱，位于何处

梁和柱是确定收纳空间位置的重要因素。房间里有没有梁柱，如果有，位置和数量如何，都需要绘制出来。如果梁的结构很复杂，则以最低的位置为标准进行绘制。

4

空调的有无及位置

不仅要明确房间里有没有空调，有的话在什么位置，还要测量空调的高、宽、进深。送风口的位置也要确认。在决定床、书桌和饭桌的摆放位置时，这些资料都会发挥作用。

5

门的位置及其有效宽度

测量门的高、宽、门框、门框距天花板的距离。还要测量门的有效宽度。如果门是朝内开的，则开门时的相关尺寸也需要确认。

6

预置式收纳的有无及位置

不仅要确认预置式收纳的位置，门的形状（平推门、折叠门还是推拉门，或是抽屉式的）也要明确。如果是平推门和折叠门，则要确认开门的幅度。内部的收纳方法请参考120页。

7

插座和开关的位置

测量插座和开关面板的长和宽，以及距地面的高度。插座、开关与墙、柱、窗框和门之间的距离也要测量。在决定家具位置时，这些都是重要因素。

8

护墙板的高度和厚度

墙面下方与地板的接触部分，有一层板材防护层，称作护墙板。护墙板的高度、厚度都需要测量。如果只测量墙与墙之间的距离，在放家具时也许会因护墙板的影响而寸步难行。

Grand Plan［平面图］

通过平面图明确尚未使用的空间，以及施工所需空间

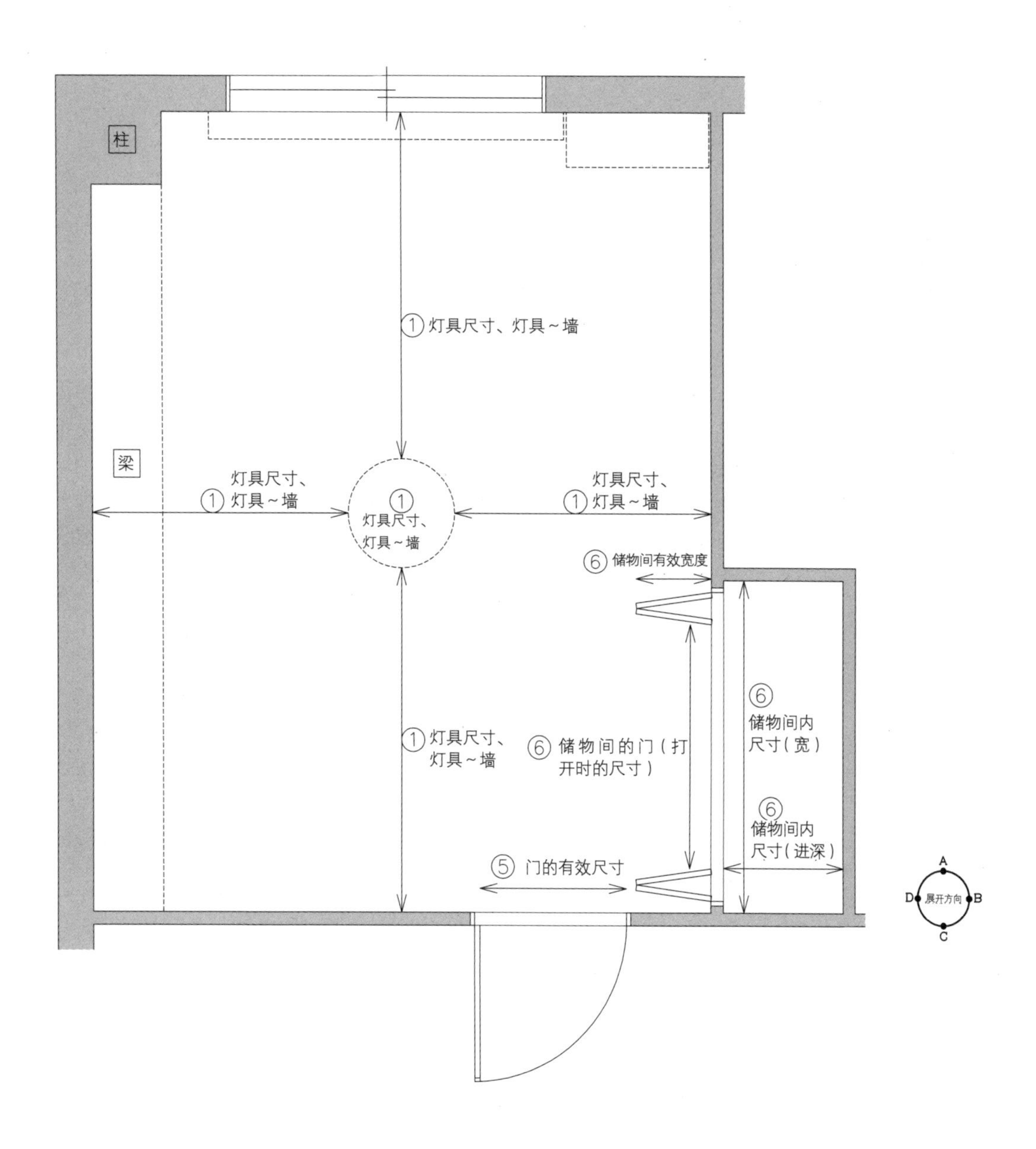

Expanded diagram [展开图]

通过展开图明确墙面的空余空间、插座和开关的位置

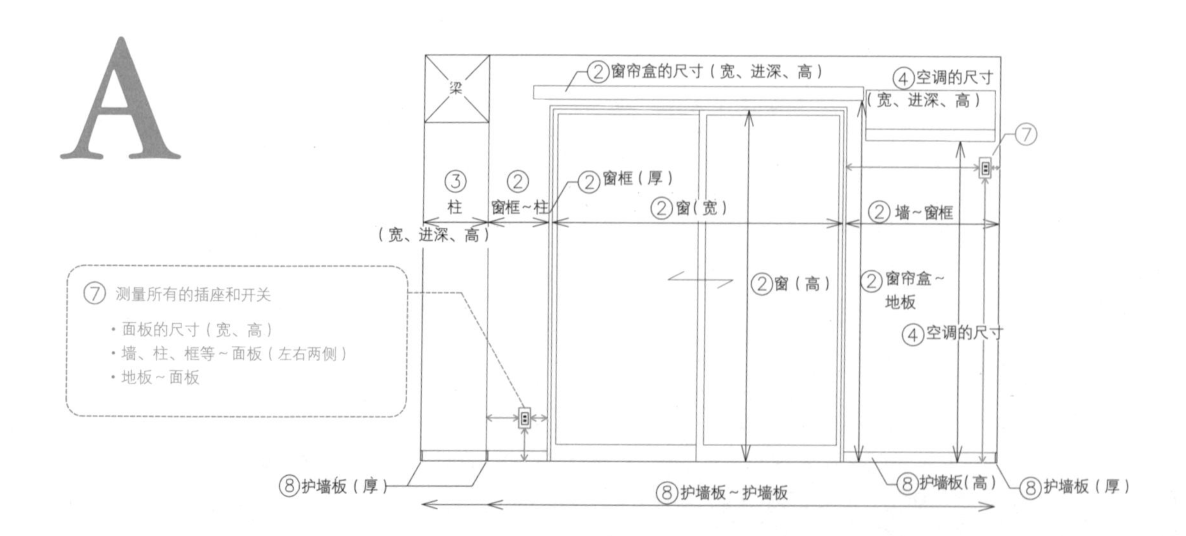

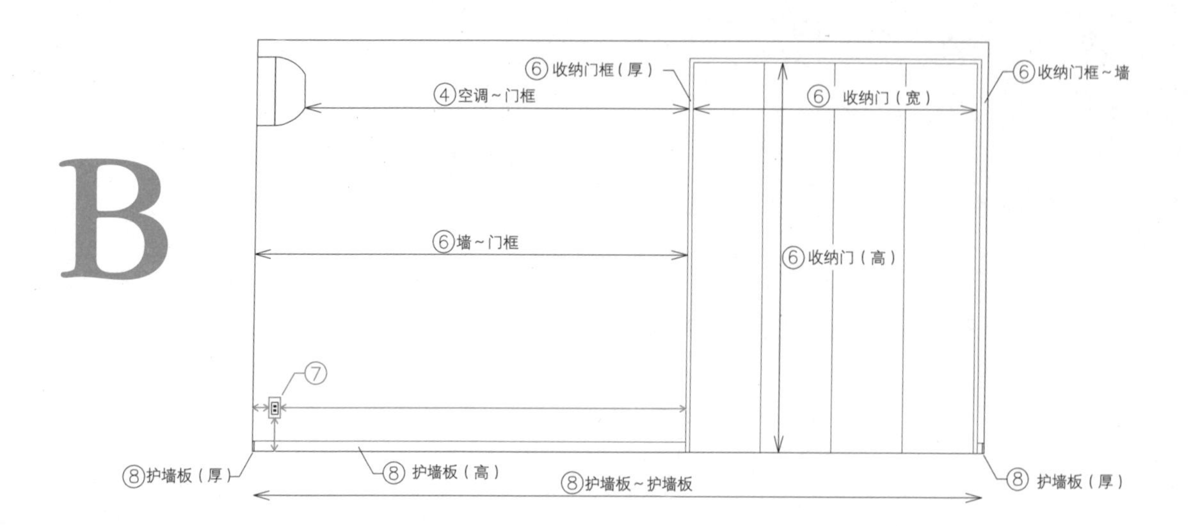

明确是否有设置
收纳空间的宽度和高度

“展开图”是绘制室内墙面的图，通常为4张，各为A、B、C、D面。在这里，我们把门的正面作为A面，按顺时针方向确定B、C、D面。

对墙面进行尺寸核实时，“插座位置”和“开关位置”尤为重要。因为不管是摆放家具也好，规划收纳空间也好，都要避开插座和开关，所以一定不要忘了确认这两者的位置。

平面图的作用是在考虑宽度和进深的基础上，确定在哪里摆放什么。而展开图的左右，则是确认高度和插座、开关的位置，从而确定室内布局。

有了展开图，就能明白墙面有多大的空间，能够摆下高度和宽度是多少的家具。

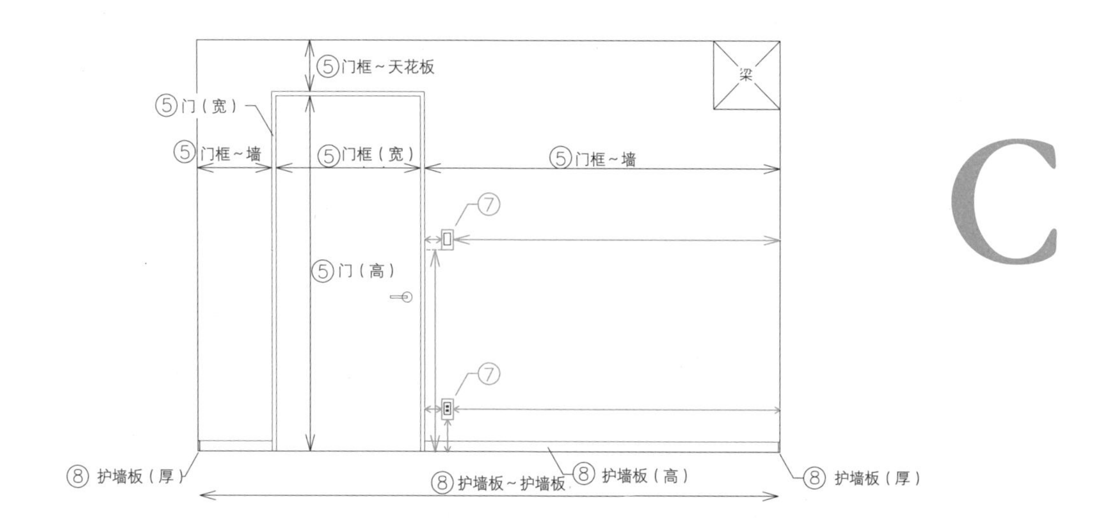

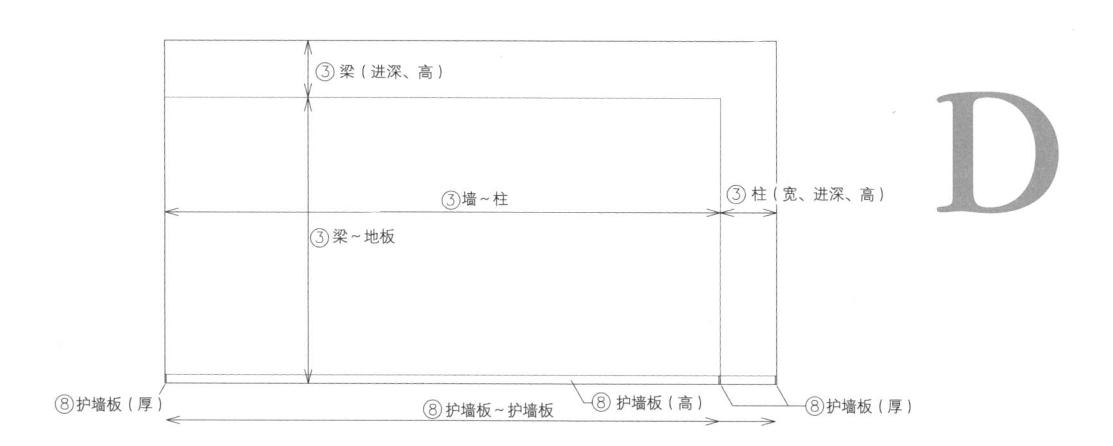

Size of CLO

[衣帽间的尺寸]

只有测出宽度、进深、高度，才能充分利用空间

测量家中所有衣帽间

家中最难以收拾的，就是衣服了。在你家里，是不是到处都摆着收纳衣服的箱子呢？衣帽间是专门用来收纳衣服的，如果能充分利用衣帽间的空间，尽量多地把衣服放在衣帽间里，那么家中的收纳问题也就解决了一大半。

只要掌握了要点，测量衣帽间的方法并不难。在进行全家的测量之前，先通过衣帽间的测量，练练自己的手艺吧。

在户型设计的时候，衣帽间往往是最后考虑的因素，因此家中的各个衣帽间的尺寸往往不尽相同。为了尽可能地获得准确的数据，应该对所有的衣帽间都进行测量。

测量时还要注意门的形状

衣帽间的门采用的是折叠门，还是推拉门或平推门，对室内空间的影响都是不同的。因此在测量的时候，要注意门的形状。

SET

［宽度］

测量地点为5处。摆放不同的家具，测量的内容也不同

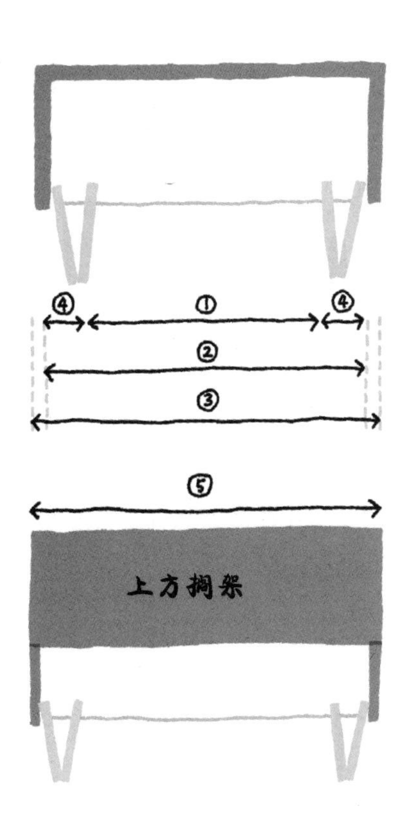

1 **正面有效宽度**

开口宽度减去门的厚度，就是打开门之后物品能实际出入的有效宽度。在确定能放几个抽屉式收纳盒时，要用这个数字进行计算。

2 **地板置物宽度**

护墙板到对面护墙板直接的距离。计算地板上最大能放多宽的家具时，需要这个数字。但若想在衣帽间门口附近放收纳盒时，需要考虑折叠门打开时所占的空间。

3 **最大宽度**

从墙到对面墙的距离。要增加挂杆或膨胀杆等收纳工具时，需要应用这个数值来选择产品。

4 **折叠门厚度**

测量折叠门打开时的厚度。地板置物宽度减去折叠门厚度，就是正面有效宽度。在摆放收纳盒时，需要这个数字。

5 **衣帽间搁架宽度**

通过这个数字确定搁架能放多少东西。衣帽间内有梁的时候，还要测量梁的进深和高度。梁的大小会影响到有效使用宽度，这个数值一定要测。

摆放抽屉式收纳盒时，必要的尺寸是多少?

在向衣帽间内摆放抽屉式收纳盒时，最容易犯的错误就是忽视了折叠门的厚度，根据地板置物宽度来购买收纳盒，结果下层摆满收纳盒之后，两侧靠墙的收纳盒却难以取出来。

如果衣帽间使用了折叠门，门的厚度这部分就不能放收纳盒。另外要防止因收纳盒放偏而拿不出来的情况，最好在两侧设置固定装置。可以考虑在两侧墙上安装粘贴式或膨胀式金属网架，把包或皮带等物存放在这里。

从墙到对面墙的尺寸（最大宽度），与上方搁架的宽度原则上是一致的，但考虑到梁的因素，最好两者都测量一下。

Width

[进深]

门的类型不同，会影响有效进深。特别要注意折叠门

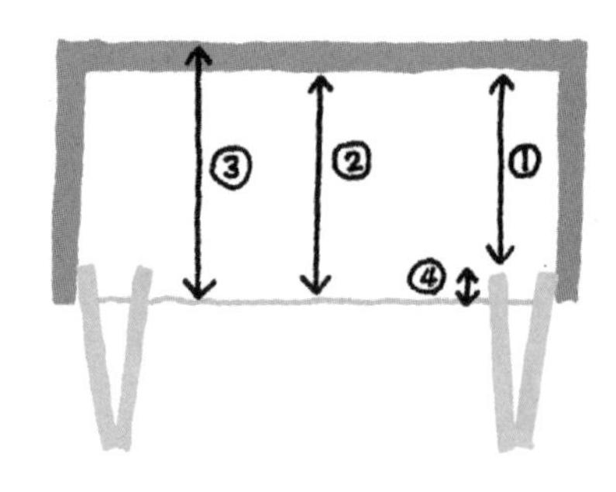

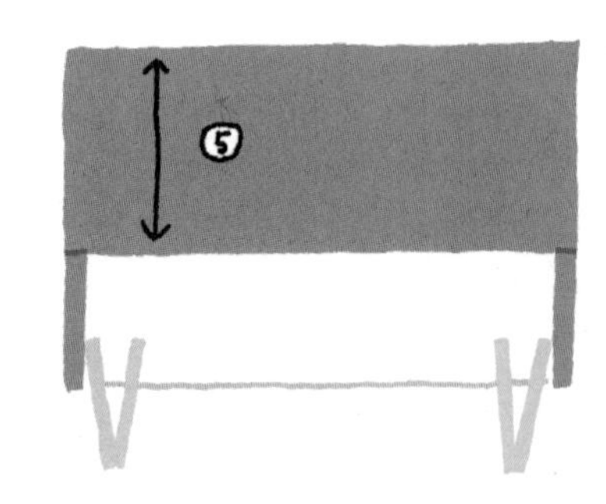

1 地板置物有效进深

从衣帽间内侧的护墙板到折叠门打开时伸进衣帽间内的折叠门顶端的距离。如果衣帽间采用的是折叠门，那么衣帽间内摆放物品的最大进深就是这个尺寸。

2 地板置物最大进深

从内侧的护墙板到衣帽间门的下方的滑轨的距离。如果衣帽间采用的是平推门或推拉门，则这个尺寸就是地板置物的有效进深。

3 最大进深

从内侧墙到衣帽间门的下方的滑轨的距离。这也是绘制衣帽间平面图时的外框尺寸。

4 折叠门开门时占用进深

折叠门打开时，门的顶端伸进衣帽间内的尺寸。如果衣帽间采用的是折叠门，那么衣帽间的最大进深减去这个尺寸，才是有效进深。

5 衣帽间上方搁架的进深

从上方搁架内侧墙到搁架开口的距离。如果搁架里有梁，则需要测量梁的进深，并绘制到图里。

用折叠门，则衣帽间的有效进深较小

如果衣帽间使用折叠门，就需要特别注意进深问题。这是因为折叠门在打开的状态下，门顶端的一部分会伸进衣帽间内，一些进深大的物品就有可能放不下。因此如果采用了折叠门，在计算收纳空间时就应减去伸进去的部分。

而使用其他类型的门，则不存在这样的问题。只要进深在内侧墙到门口滑轨的范围内，都能摆放进去。

但要注意不能忘记护墙板的厚度。护墙板的厚度多为6～10mm，虽然不大，但如果存放的物品的进深等于墙到门口滑轨的距离，就会因为护墙板的厚度而无法放进去。

在计算衣帽间进深时，要把护墙板的厚度减去。

Depth

［高度］

Height

挂杆的位置决定收纳的量。要确认距地板高度是否为170cm

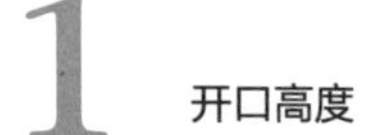

1 开口高度

从门的上方顶端到滑轨的高度，即门的高度。也是能取放物品的高度。

2 最大高度

从天花板到地板的高度。在衣帽间内，最大能收纳这个高度的物品。当然有搁架的地方，无法收纳如此高度的物品。

3 顶壁高度

从天花板到门上方顶端的距离。如果门直接开到天花板，则不存在顶壁。存在顶壁的情况下，从搁架中取放物品时可能会不太方便。

4 滑轨高度

把收纳盒从衣帽间内取出来的时候，或是进行打扫的时候，可能受到这部分高度的影响，需要确认。一般在5mm以下。

5 前框木高度

前框木指的是安在衣帽间上方搁架最外侧的横木。把前框木周围当作收纳空间时，需要用到这个尺寸。

6 搁架高度

搁架到天花板的高度。可以通过这个尺寸，知道搁架能放多高的物品。如果里面有梁，还要测梁的长度和进深。

7 搁架下方高度

在搁架下方的墙上安膨胀杆的时候，需要用到这个尺寸。在膨胀杆上安一个金属网架，可以把小物件放在上面收纳。

8 挂杆上方高度

能顺利取下衣架挂钩的高度，一般为10cm左右。如果实际高度超过10cm，则可以安装带膨胀杆的金属网架，存放小物件。

9 挂杆直径

一般为3.2cm。如果太细，则负重能力有限。预置的挂杆如果可以更换，也许还是换成3.2cm的更好。

10 挂杆距地板高度

一般为170cm。挂上长大衣，下面还有约50cm的空间。如果位置太低，就会影响下方的收纳盒的摆放数量。

挂杆位置太低，会放不下收纳盒！

在衣帽间中，挂杆距地板高度（从挂杆的中心位置计算）多为170cm。一般来说，在挂杆上方10cm的地方，都设有搁架。

当然，也有很多衣帽间的内部不是这样的。有些房间有梁，也有些住宅的室内净高较低，还有一些衣帽间，挂杆距地板的高度不足170cm。

也有些住宅中，各个衣帽间中挂杆的距地高度都是不一样的。

天花板较低，挂杆的位置也相应降低，挂了衣服之后，下方可放置的抽屉式收纳盒的数量也会减少，影响衣帽间的整体收纳能力。如果衣帽间内挂杆位置较低，下方无法放置收纳盒的话，可以考虑把收纳盒放在别处，或是把长大衣等衣物转移到别的地方存放。

Door

［门的尺寸］

测量平推门或推拉门时，
要在测折叠门的检查项目中再增加几项

测量平推门

在测量平推门的时候，必须测合页的位置和厚度。因为在取物品的时候，可能会受到合页厚度的影响。

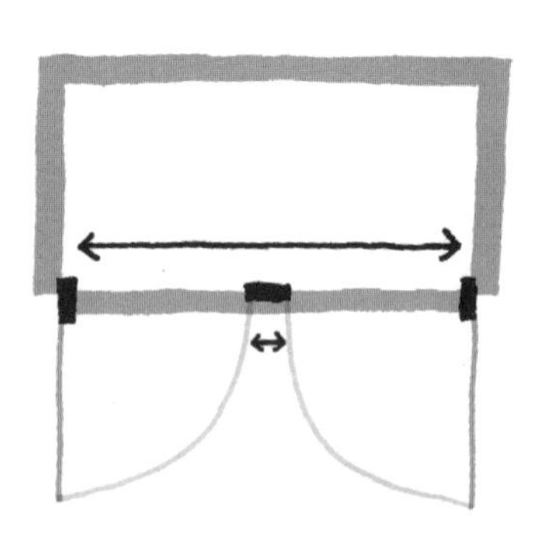

宽幅的有效尺寸

除了需要测量121页中的②和③，墙与对面墙之间距离减去两扇门的合页总厚度的尺寸，也需要测量。如果门中央有磁铁门吸，那还要确认其位置。

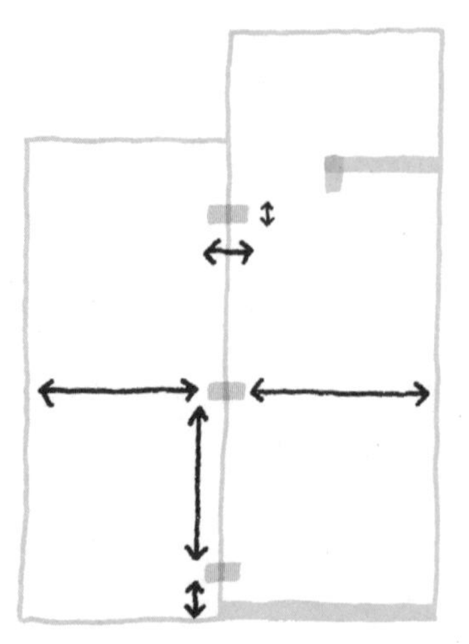

合页的宽度和厚度

除了测量122页的②、③、⑤，还要测带箭头的部分。从衣帽间内侧的护墙板到合页之间的进深，就是收纳工具的最大进深。因此要测量每个合页的位置。平推门的内侧就属于收纳空间了，因此从门的顶端到合页顶端的尺寸也要测量。

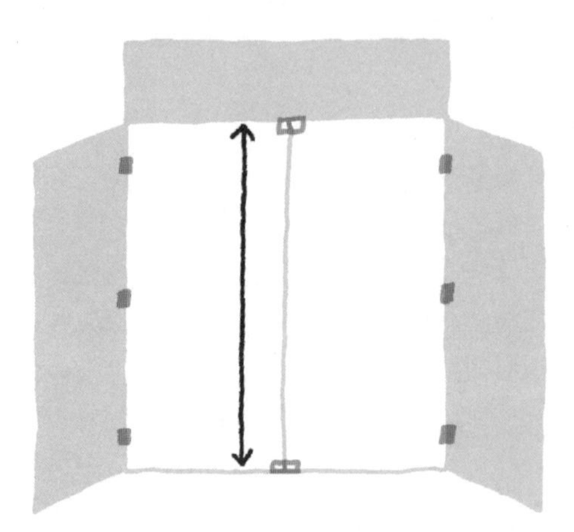

开口有效高度

从门的上方到地板的高度需要测量。如果下方有磁铁门吸，也要测量其高度。门吸会阻碍抽屉式收纳盒的出入，因此要在收纳盒下安装超过门吸高度的小脚轮。

要注意的部分：平推门的合页、推拉门的开口有效宽幅

除了在测量折叠门时需要注意的检查项目之外，在测平推门的时候要注意合页的厚度和位置，这很重要。合页看起来不起眼，但有些合页还是不小的，如果不考虑合页的厚度因素，可能在取出收纳盒的时候被合页挡住，拿不出来。

平推门的有效宽度，是整体宽度减去门和合页厚度之后的宽度。因为两者相加有5cm，左右两扇门加起来就是10cm，当然不能忽视。

对空间的利用效率最高的是推拉门。从靠墙的位置到最外侧都能放东西，左右两侧墙之间的空间都是有效空间。对于推拉门，要注意的是左右两侧的有效开口宽幅是不一样的，需要分别测量。

测量推拉门

在测量推拉门的时候，需要重点关注的是向左右两侧分别拉开时的有效宽幅可能不同。看起来一样，其实有微妙的差别

右侧开口的有效尺寸

打开右侧门，测量右侧开口的有效尺寸。能摆放多少收纳盒，要在减去护墙板厚度的基础上来考虑。中央部分的门是重叠的，这个位置不能摆放收纳盒，否则取不出来。

左侧的开口有效尺寸

和测量右侧的方法一样，测左侧时也要打开门，测量开口有效尺寸。如果衣帽间是两个人使用，其中一人又是左撇子的话，那就让他/她使用左半边空间，两个人都方便。

Walk-in Closet

[大型衣帽间]

测量方法和普通衣帽间相同，但摆放收纳盒时不用考虑门的类型

别忘了要测量挂好衣服之后的剩余空间

大型衣帽间的测量方法与普通衣帽间基本相同。唯一不同之处，就是不管门是什么类型，在挂杆下方的护墙板到护墙板之间的空间，都可以摆放收纳盒。

大型衣帽间里一般都有两根挂杆，有的是两侧各一根，有的则是L型的。但不管是什么形态，都应在一根上挂上装，另一根上挂下装，节约出更多空间。

把挂下装的挂杆再向内移动，距墙20cm的话，空间就更加宽敞了。如果挂杆没法挪动，那么测量一下挂好下装状态下，衣服与墙壁的距离，安装挂钩或金属网架等收纳工具，把各种典礼中使用的衣服，以及小物品放在这里。

Size of OS

[日式壁橱的尺寸]

收纳空间之王——壁橱。
正确测量壁橱，打造便利的收纳空间

日式壁橱的内部，
其实有很多凹凸之处

都说日式壁橱的开口宽度和一张榻榻米的长度一样，为1间（约182cm），但前面也说过，各地的榻榻米大小都不一样。而且近来的日式壁橱，开口宽度也不一定就是榻榻米的长度。因此不进行实际测量，日式壁橱的尺寸是无法知道的。

日式壁橱有3个空间，分别是“下段”、“上段”和“天袋”。这三处都需要测量。

日式壁橱看起来不复杂，但里面实际上有不少不平坦的地方。比如说在地板和墙的结合部有被称作“杂巾擦”的细长木制底框，拉门旁边也有柱子，因此凹凸之处很多，需要测量的地方也不少。

日式壁橱被称为“收纳空间之王”，收纳能力强大。宽度为1间的壁橱中如果放满了东西，拿出来铺在6张榻榻米大的房间内的话，高度能达到人的膝盖。日式壁橱进深大，有些地方用起来不是很方便，应该正确地测量内部尺寸，打造一个使用便利的收纳空间。

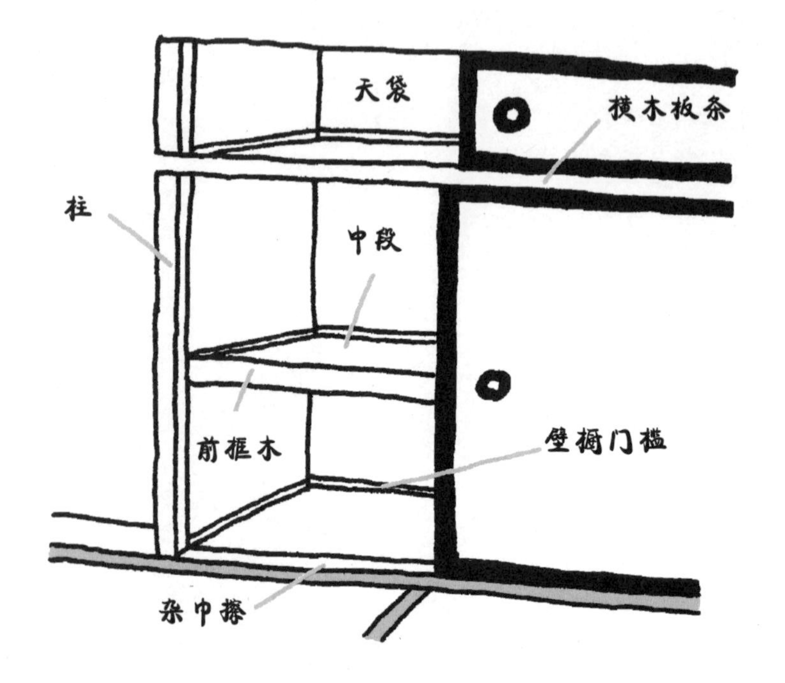

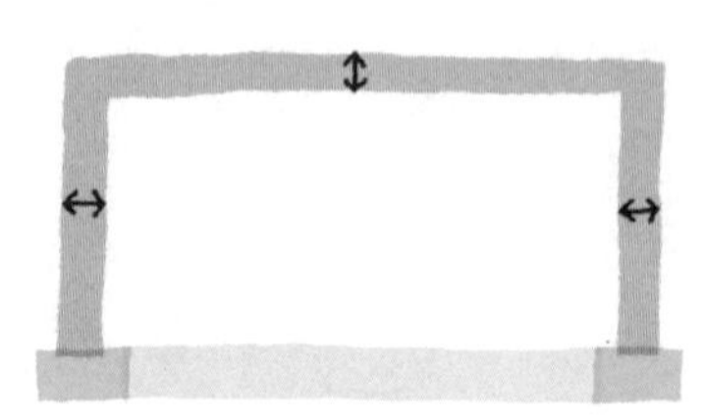

测量下方的杂巾擦，以此为基准

日式壁橱的下段、上段、天袋（即上方搁架）这三处，都有称作“杂巾擦”的底框。首先测量下段的左右及内侧杂巾擦的进深和高度，如果三处的尺寸相同，那么可以认为壁橱内所有的杂巾擦的尺寸都一样。如果三处的尺寸不同，则选择尺寸最大的地方为基准。上段和天袋处也可以照此处理。

HIIRE

Width

[宽度]

三处＋拉门的开口也需要测量两侧

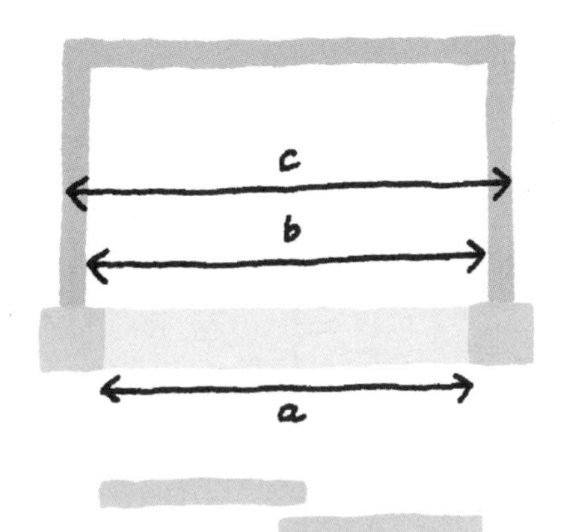

要分别打开两扇拉门，测量开口的尺寸

有必要分别打开左右两侧的拉门，测量开口的尺寸。首先把右侧的拉门拉到左边，测量从柱子到右门左侧顶端的距离，然后把拉门拉到右侧，测量方法相同。两扇拉门的宽度并不一定一样，必须各自打开之后进行测量。下段、上段和天袋的宽幅是一样的，测量其中之一就可以了。

a 柱与柱之间

柱子之间的宽度比壁橱内测宽度要小，如果今后把拉门拆掉的话，这个尺寸就是物品取放时的最大有效宽度。

b 杂巾擦与杂巾擦之间

放物品和收纳工具时的有效尺寸。只是外侧有柱子挡着，因此不要在宽度超过柱子的部分存放要拉出来的收纳盒等物品。

c 墙与墙之间

壁橱内的最大宽度。在左右两侧墙上安装挂杆时，用得上这个尺寸。

Depth

[进深]

折成1/3大小的被子可以放进来，一般为80cm左右

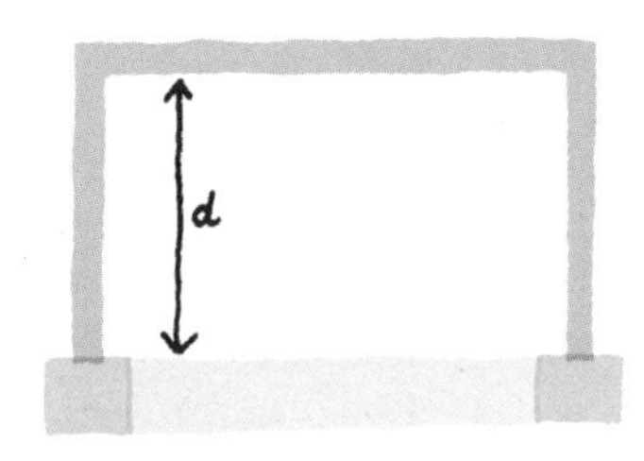

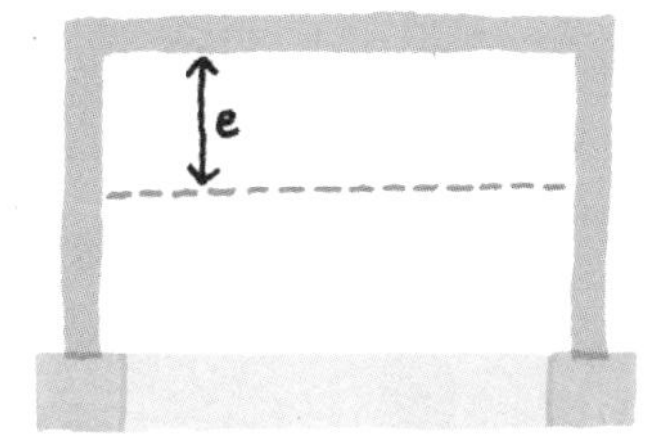

测量进深的位置是两处

日式壁橱的进深多为80cm，是半间（约91cm）减去墙厚的尺寸。被子的长度是210cm，折成1/3大为70cm，因此壁橱的进深收纳被子正好合适。但是，壁橱的尺寸也不是完全一样的，还是需要测量一次才能放心。下段、上段和天袋的宽幅是一样的，测其中一处就可以了。如果搁架没有设在天袋，而是设在上段的话，那么同样要测量搁架从杂巾擦到最外侧的距离，以及内侧墙到最外侧的距离。

d 杂巾擦到门槛内侧的距离

存放物品或收纳工具时的有效尺寸。日式壁橱的优点，是内侧墙到壁橱门槛的位置都可以放东西。

e 上方搁架的杂巾擦到前框木的距离

要选择上方搁架内的收纳工具时，这个尺寸就会起作用。此处一般为40～50cm，但不同的壁橱，可能数字有所不同。

Height

［高度］

日式壁橱的上段，是存取物品最适宜的高度

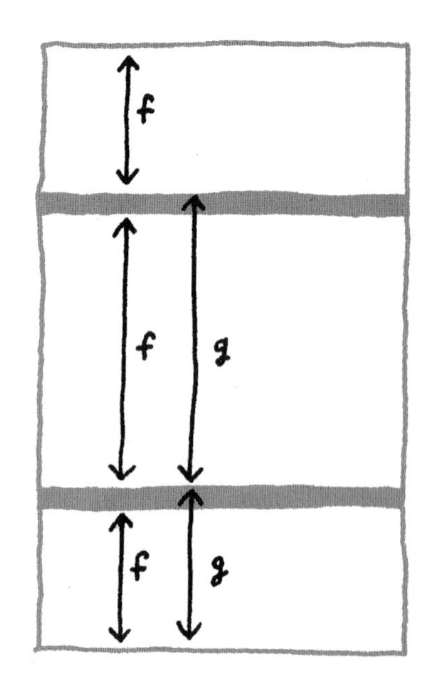

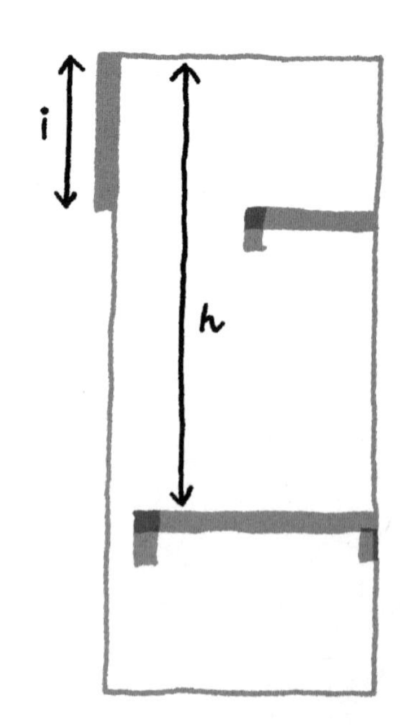

f

三处的高度

下段、中段、上段和天袋到地板的高度，都要测量。这些数字，是在各处取放物品和收纳工具时的有效高度。

g

从顶部到地板

测量下段、上段的顶部分别到地板的高度。使用膨胀式支撑杆等收纳工具时，会用到这个尺寸。使用支撑杆，在墙的近旁设几个带膨胀杆的金属网架，就是一个小物品的放置处。

从中段到天花板

如果壁橱内有搁架，要测量壁橱的天花板到中段（中板）的高度。这也是安装膨胀支撑杆所需要的尺寸。用支撑杆，在墙的近旁设几个带膨胀杆的金属网架收纳小物品，就不会影响搁架上的物品取放。

顶壁高度

测量天花板到拉门顶端的高度。如果搁架的位置比较高，那么顶壁越高，就越会让取放搁架物品时变得困难，需要注意。

上段一般都比下段的空间更大

日式壁橱的中段（中板）或上方搁架的外侧，安着被称作前框木的装饰性横木条。框木越高，开口高度的有效尺寸也就相应减少，后者也就是取放物品或收纳工具时的有效尺寸。一般来说，下段的有效高度为70cm。上段距地板高度为50～180cm，是存取物品最方便的高度。

将前后的收纳空间区分开，让进深大的日式壁橱使用更方便！

大家都会觉得日式壁橱用起来不方便，原因就在于进深太大，里面的东西取放困难，最终导致这部分空间很少得到利用，收纳空间也就白白浪费了。如果把进深分成前后两个区间，壁橱一下子就变成了使用舒心的收纳神器。

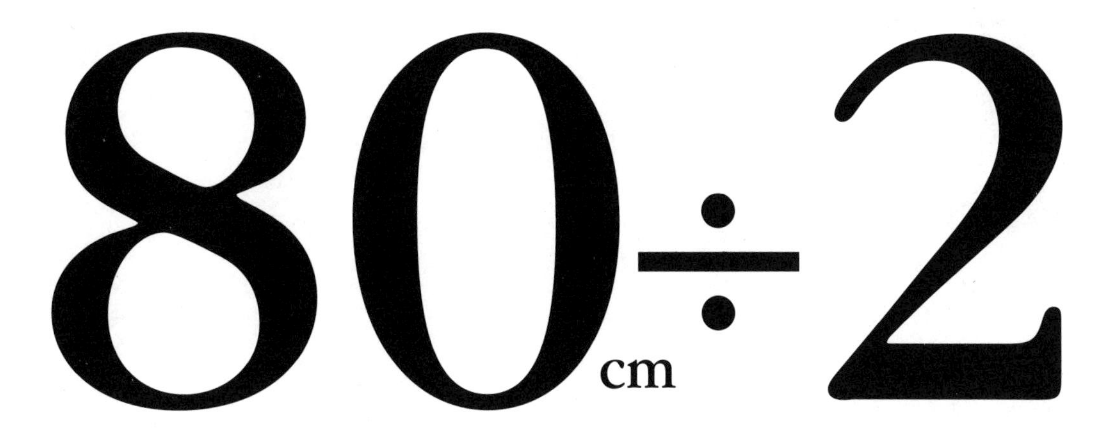

把收纳工具分别在前后两个区间摆放，用起来很顺手

把进深分成两个区间，指的是把壁橱分为里侧和外侧两个区间，分别摆放收纳工具。比如说把进深40cm的抽屉式收纳盒在里外侧各摆一个，分别收纳夏季和冬季衣物。平常只需要使用外侧的，换季的时候里外侧调换一下位置，马上搞定！

还可以买些进深45cm的搁架，放在壁橱里侧，外侧放进深30～35cm的带脚轮的盒子或箱子，后面的东西就容易取放了。后面的搁架放季节性家电或日常用品的储备，前面则放日常使用的医药箱和针线包等等。

里侧的东西用得不多，但一定会用，因此这部分空间不会成为无用的摆设。

收纳工具前后分区放置，能大幅度地提高日式壁橱的收纳能力。

[尺寸与米制]

据说日式尺寸是由日本人的身体尺寸而来的，至今还应用在建筑行业中

1间 → 约181.8cm

= 6尺

1尺 = 10寸

→30.3cm (1m/3.3)

1寸 = 10分

→30.3cm (1m/3.3)

1分 →约3mm

1间×半间
是人睡觉所需要的尺寸

一直到1958年为止，日本还使用以"间"、"尺"、"寸"等为单位的"尺贯法"来表示长度和面积。而现在，日本和世界上大部分国家一样，使用以"m"或"cm"为单位的"米制"。但是在日本的建筑界，至今"尺和寸"还发挥着作用。建筑上使用的木材，全都是用"寸"来表示直径，在设计住宅的时候，3尺（半间=约91cm）也是一个大略的度量标准。

有人说日式尺寸是由日本人的身体尺寸而来的，所以和建筑业关系很深，至今还在使用。

1间的长度约为181.8cm，半间则为约91cm。间×半间，的确是人睡觉所需要的空间。半间的一半是45cm，又和日本人身体的厚度相一致。

至今在日本的家庭中，"1间"或"1坪"等用语还非常常见，可能就是这个原因吧。

都说榻榻米的长边=壁橱的开口宽度……

日式壁橱的开口宽度，原则上与榻榻米的边长相一致。把壁橱的开口宽度称为"1间"，是因为正好和榻榻米的面积1间×半间一样。当然榻榻米的大小因地区不同而有差别，日式壁橱的开口宽度也并不一定正好是1间。

［坪和榻榻米单位的关系］

1坪为1间×1间，用米制来换算的话，1坪约为$3.3m^2$

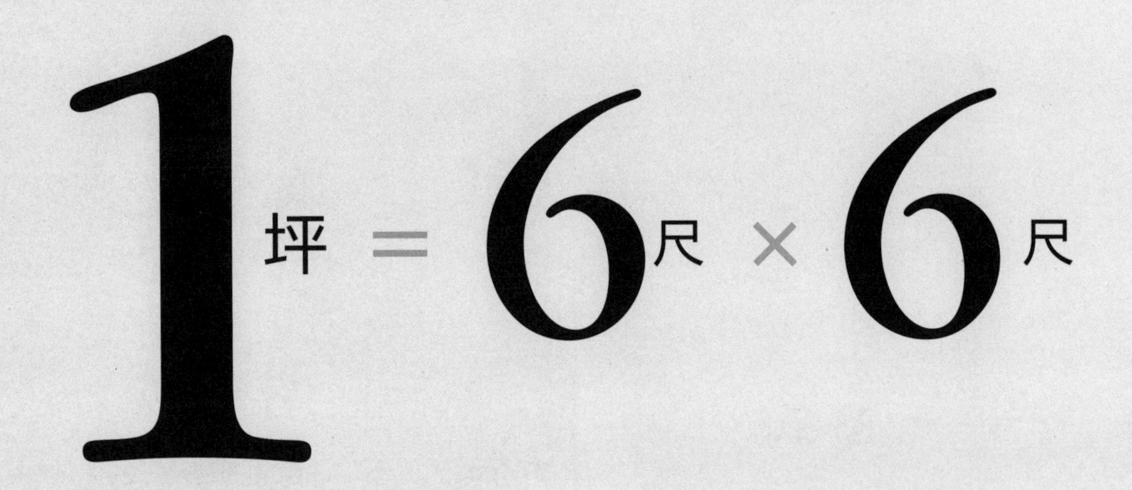

6尺×6尺
=1坪

1.81818…m

1.81818…m

房地产行业也是用尺贯法

在表示土地或家的面积时，经常会用到“坪”这个单位。1坪是1间（6尺）×1间（6尺），用米制换算，则为1.818m×1.818m，即$3.3051m^2$，约合$3.3m^2$。

而房地产交易文件中并不用“○坪”来表示土地单价，是因为根据1952年实施的计量法的规定，不得再使用“尺贯法”。

但是在建筑及房地产行业的第一线，尺贯法至今还在使用之中。

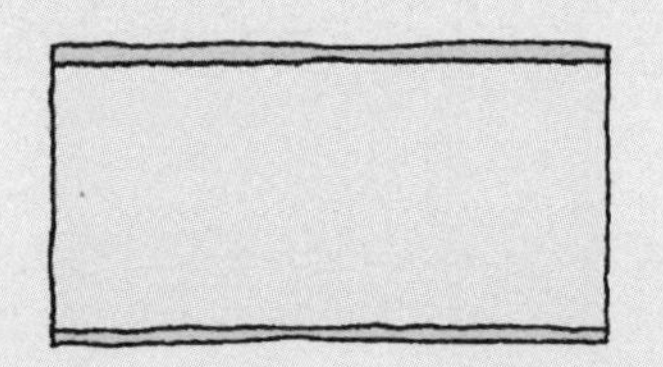

虽说1坪等于两张榻榻米的大小……

之所以说1坪等于两张榻榻米，是因为把一张榻榻米的大小等同于1间×半间了。但实际上榻榻米的大小并没有一个固定的标准，看见两张榻榻米，就认为这是1坪大，往往会出错。当然，作为一个大致的衡量标准，还是没问题的。

[基准线和墙的厚度]

图纸上标注的数字，并不是房间实际的面积

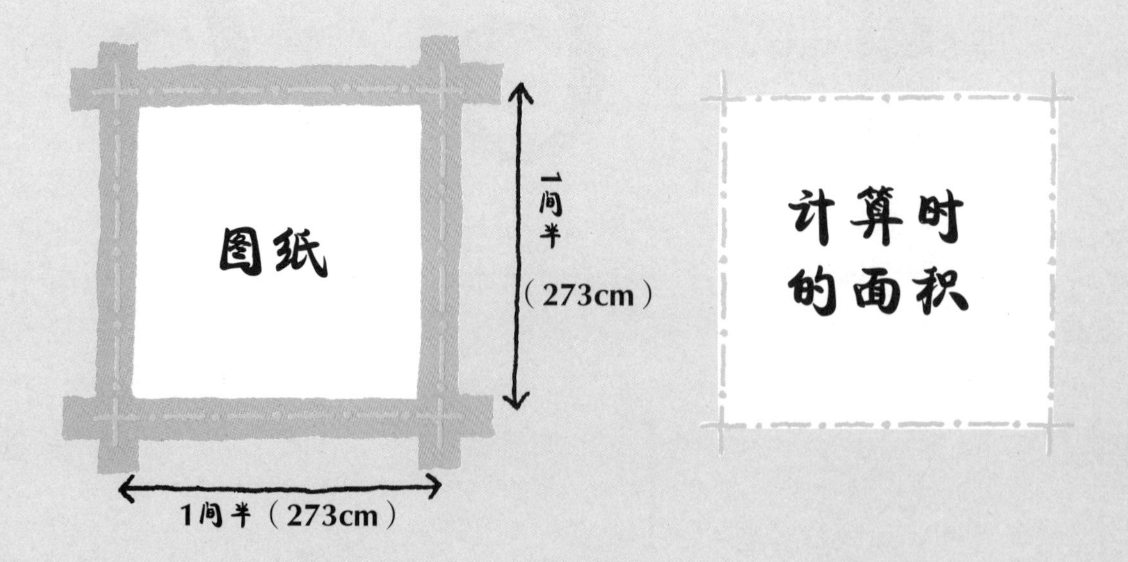

[图纸]

图纸中标注的数字，没有包含墙的厚度

图纸中标注着各种数字，这些数字是确定户型时的"基准线"。在基准线上筑墙，由于墙有厚度，实际房间的面积要比图纸上的数字小。

[计算时的面积]

不考虑墙厚的图纸上的面积

在设计时，首先确定基准线，以此为基础表示各种尺寸，并进行房间面积的计算。根据基准线计算出的面积只是理论上的面积，实际上的房间面积要减去墙所占的部分，更小一些。

在看房间的设计图纸时，上面有从哪里到哪里的距离，让人觉得这是房间的实际尺寸。但实际上，这里的数字，是以基准线为基础，从墙的中心到另一面墙的中心的距离，与实际的房间尺寸不一样。如果按照图纸上的尺寸来买家具，就有可能放不下。

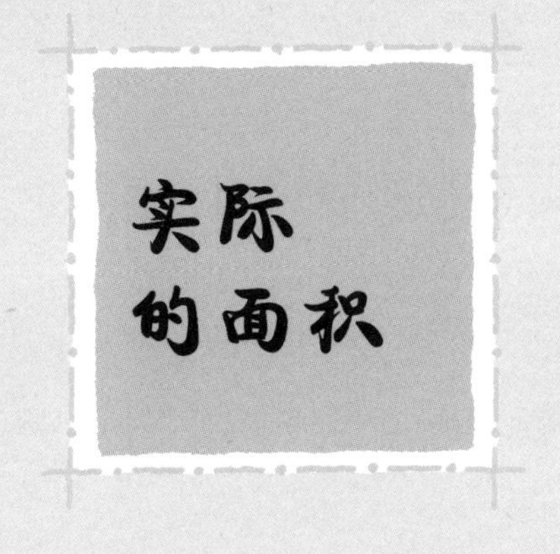

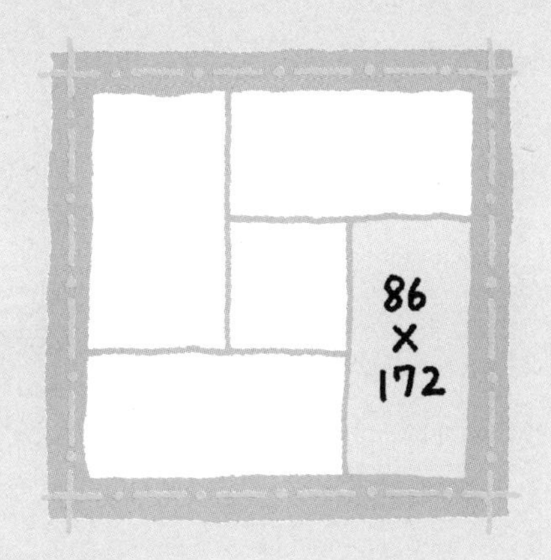

[实际的面积]

由于墙的厚度，
房间的实际面积要更小

墙的厚度一般为12～15cm，是以基准线为中心建造的。墙的厚度为15cm，则有7.5cm占据了图纸中房间本身的面积，两面墙就是15cm。也就是说，房屋的实际宽幅，要比设计图纸窄15cm。

[榻榻米的大小]

一张榻榻米（1帖）的大小，
由182cm×91cm，变成了172cm×86cm!

即使设计时按照1张榻榻米为1间×1间（182cm×91cm）的大小，但墙的厚度为15cm，4.5个榻榻米大的房间，单边长度就变成了（182cm+91cm）－15cm＝258cm，一张榻榻米的大小就变成了172cm×86cm。

日文原书制作人员

插图	落合惠
摄影	各务步
美术总监	藤村雅史
设计	高桥桂子（藤村雅史设计事务所）
编辑合作	中川泉
制作合作	近藤典子Home & Life研究所
编辑	古家秀章（es • QUISSE）

尺寸间的井井有条
——“日本收纳教主”近藤典子手绘图鉴

欢迎阅读井井有条系列:《“日本收纳教主”近藤典子助你打造一个井井有条的家》（自2013年出版以来多次重印，累计印刷过万册），房间整理术（井井有条系列3）。